美发与发型设计
技术基础

MEIFA YU FAXING SHEJI
JISHU JICHU

主　编◎付　瑾　罗莎莎

副主编◎傅渝希　陈霜露　何　烨

主　审◎蒋　珩　谢龙建

编　者◎谷　尧　李秀娟　凌　燕　刘　锦

　　　　曾露丹　魏志芝　刘　芳　张家渝

　　　　罗　佳　胡思云　徐文瑄　王　红

　　　　许铭洋　任　英　陈平玉　兰　英

重庆大学出版社

内容提要

本书以全面提高中职学生美发与发型设计理论知识与实践操作能力为开发目标,全面对接中等职业学校美发与形象设计专业实践教学要求及人力资源和社会保障部有关美发师职业技能等级(初中级)评价考核标准。本书以美发与发型设计为核心内容,简述了中西方美发的历史文化和各个时代的发型特征,充分体现了发型设计涵盖的技能领域和功能模块的重要性,详细论述了美发与发型设计技术原理,全面阐述了先进的发型设计理念、知识与技能。

本书坚持"产教融合、协同育人"的开发思路,采取"活页式教材"的编写方式,为每个教学内容模块匹配了大量的真人模特实操场景,适时融入"课程思政",注重培养学生的职业素养,提升美发岗位安全、规范和服务意识。

本书适用于中等职业学校美发与形象设计专业的学生,也可作为美发与形象设计岗位培训的从业者参考用书。

图书在版编目(CIP)数据

美发与发型设计技术基础 / 付瑾,罗莎莎主编. --
重庆:重庆大学出版社,2023.10
ISBN 978-7-5689-4068-9

Ⅰ.①美… Ⅱ.①付… ②罗… Ⅲ.①理发—造型设计 Ⅳ.①TS974.21

中国国家版本馆CIP数据核字(2023)第126316号

美发与发型设计技术基础

主 编 付 瑾 罗莎莎
副主编 傅渝希 陈霜露 何 烨
主 审 蒋 珩 谢龙建
策划编辑:陈一柳

责任编辑:姜 凤   版式设计:陈一柳
责任校对:刘志刚   责任印制:赵 晟

*

重庆大学出版社出版发行
出版人:陈晓阳
社址:重庆市沙坪坝区大学城西路21号
邮编:401331
电话:(023) 88617190 88617185(中小学)
传真:(023) 88617186 88617166
网址:http://www.cqup.com.cn
邮箱:fxk@cqup.com.cn(营销中心)
全国新华书店经销
重庆市国丰印务有限责任公司印刷

*

开本:889mm×1194mm 1/16 印张:11.5 字数:366千
2023年10月第1版 2023年10月第1次印刷
ISBN 978-7-5689-4068-9   定价:58.00元

前言

　　本书根据教育部新公布的《中等职业学校美发与形象设计专业教学标准》进行开发，坚持"岗课赛证"综合育人和"理实一体，学做合一"的教学理念，以全面提高中职学生美发与发型设计理论知识和实践操作能力为开发目标，全面对接中等职业学校美发与形象设计专业实践教学要求及人力资源和社会保障部有关美发师职业技能等级（初中级）评价考核标准。

　　本书以美发与发型设计为核心内容，简述了中西方美发的历史文化和各个时代的发型特征，充分体现了发型设计涵盖的技能领域和功能模块的重要性，详细论述了美发与发型设计技术原理，全面阐述了先进的发型设计的设计理念、知识和技能。

　　本书是中等职业学校美发与形象设计专业核心课程配套的活页式教材，围绕美发师的岗位典型工作任务与职业能力，设计了6个项目、17个任务，涵盖了职业美发师岗位所需掌握的"洗、剪、吹、烫、染、发型设计"等相关职业知识与技能。

　　本书紧扣中职学生的认知特点，坚持"课程思政"的全新理念，力求在传统教材的基础上实现新的育人突破，总体而言，本书在编写过程中力求体现以下特色。

　　1.融入新内容。紧扣新时代新职业、新业态、新技艺的需求，将美发与发型设计技术有机结合进行教学组织设计，是本书编写的重要特色。目的是使学生在各职业发展阶段，逐步形成对美发技术操作与发型设计之间综合关系的理性认识，实现美发、发型设计技术与大众审美有机融合，从而有效提升学生的综合职业能力。

　　2.贯彻新理念。本书积极贯彻"课程育人"建设理念和目标，注重培养学生的职业素养，提升美发岗位安全、规范及服务意识。全书在教材结构上体系化，在教材内容上模块化，既有系统规范的工作流程，强化严谨细致、精益求精的工匠精神，体现基于工作过程系统化的特点，又适应当前中职学生学习行为习惯和技能掌握规律，以项目化、任务化的内容及多元化的形式呈现所要教授的内容，各学校在教学上可根据实际需要有所侧重。

　　3.体现新形态。本书采用"活页式教材"开发形态，为每个教学内容模块匹配了大量的真人模特实操场景，并配套了"活页式"任务工单和教学评价表，以激发学生的学习兴趣，提高学习效率，达到学习目标。同时，本书作为新形态一体化教材，配备了大量的数字化学习资源，学生利用移动设备扫描书中相应的二维码，即可获得在线资源，观看真人示范教学微视频，便于课前预习、课后巩固。

4.打造新模式。本书坚持"产教融合、协同育人"的开发思路,通过与何先泽国家级大师工作室校企双元合作开发的模式,全面融入了美发师职业岗位的真实职业能力要求,达到了美发行业领域先进的技术规范水平。本书既可以作为美发与形象设计专业核心课程的配套教材,也可作为美发师初、中级岗位培训的参考用书。

本书共144学时,任课教师可根据学校的具体情况进行适当调整。

本书由付瑾、罗莎莎担任主编,傅渝希、陈霜露、何烨担任副主编,何先泽、唐静任顾问,本书由蒋珩、谢龙建担任主审,参与编写的还有谷尧、李秀娟、凌燕、刘锦、曾露丹、魏志芝、刘芳、张家渝、胡思云、罗佳、徐文瑄、王红、许铭洋、任英、陈平玉、兰英。本书在编写过程中,编者参阅了国内外出版的相关书籍和文献,并经过了主审蒋珩、谢龙建对全文审稿及编写修改,在此一并向相关人员表示衷心的感谢!

由于编者水平有限,书中不妥之处在所难免,恳请读者批评指正。

编　者

2023年9月

MEIFA YU FAXING SHEJI
JISHU JICHU
MULU

目录

项目一
美发简史探索

【项目简介】

　　中华民族在五千年的历史长河中，创造了辉煌灿烂的中华文化，为世界文明进程作出了巨大的贡献，从而享有"文明古国"的美誉。丰富且具有悠久传统的中国历代发式，在整个中国文化发展史上，占据着闪光的一页。徜徉于我国浩瀚的史籍、文物之中，有关发式及其装饰品的记载，浩如烟海。这一切为我们今天研究各历史时期不同发式的造型及演变，提供了极其宝贵的参考资料。而西方国家美发的演变，由于不同的文化差异，与我国有着明显的区别。

　　本项目将带你走进中西方不同时期的美发历史，探究其演变过程。

【参考学时】

　　本项目包含2个任务，分别为任务一探究中国美发简史（2学时），任务二探究西方美发简史（2学时）。学习本项目总计4个参考学时。

【知识目标】

　　1.了解中国美发简史；

　　2.熟悉不同时期的发型设计元素。

【技能目标】

　　1.能识别不同时期的发型特征；

　　2.能叙述中国美发的发型演变过程。

【素养目标】

　　1.通过探究中国美发简史，培养自主探究的科学精神以及分工合作意识；

　　2.通过认识发型设计的多样性和差异性，培养立志于传承与发展中国优秀传统文化的意识。

[任务一]

探究中国美发简史

◆ 任务介绍

　　本任务将探究中国美发的发型演变过程历经的几个重要阶段及各朝代的代表性发型。通过小组分工合作，完成关于"中国美发简史"的探究报告。

◆ 任务实施

　　1.搜集中国各朝代的发型图片，找出各朝代的代表发型；
　　2.观看历史纪录片，观察不同朝代人物的代表发型特征。

◆ 学习园地

一、中国美发的起源

　　我国远古是没有"理发"一词的，古人认为"头发"受之父母，不可随意剃除。所以，古时男女都留有长发，只是盘发的方式不同。在中国古代，男子发式都以束发于顶为主，女子发式则种类繁多，常以各种手法盘出各式发髻。

　　清朝，满洲人入主中原后为了强化统治，颁布了"剃发令"，也就是所谓的"留头不留发，留发不留头"，人们无奈地剃去大部分的头发。清代的理发业也空前发展。辛亥革命以后，中国男子开始剪去辫子蓄短发，至此，中国的美发行业则开始真正进入现代美发阶段。

二、中国美发简史

1.隋唐时期美发

　　隋唐时期，国家统一，文化繁荣，风气开放。隋唐妇女是美艳的，发型与发饰千变万化，如图1-1所示。《髻鬟品》中记载，隋文宫有九贞髻，炀帝宫有坐愁髻、迎唐八鬟髻、翻荷髻。到了唐代，妇女发髻样式则更多，她们以头发浓密、发髻高耸为美，喜欢梳高髻。高髻在唐代叫作峨髻，不仅尽显女性的雍容华贵，还带着一丝慵倦之态。有时候在峨髻上配有发鬟，更为多变。据史书记载，唐代妇女广为流行的发髻有二三十种。髻多为年轻女子梳着，中年女子则以双鬟为多。鬟是由脸旁靠近耳朵的头发和不同发髻式样联系在一起，形成的一种鬟饰。

2.宋朝时期美发

宋朝女子发式承袭晚唐五代遗风，发饰造型大致可分为高髻和低髻两种。贵妇多以高髻为尚，甚至有高达两尺的危髻，在当时这叫时髦，平民妇女则梳低髻。到了北宋后期，女子除了仿契丹衣装，还开始流行作束发垂胸的女真族发式，如图1-2所示。这种发型开始时只流行于宫中，而后遍及全国。

图1-1　隋唐时期美发

图1-2　宋朝时期美发

3.元朝时期美发

元朝在中国历朝历代中是一个特别的存在，它是第一个由少数民族建立政权的王朝。在少数民族统治下，贵族女子发型和汉族女子发型是不同的。贵族女子发型带有本民族特色，如结辫式。而平民女子发型，通常是将头发左右平分，挽一个朝天的发髻，如图1-3所示。

4.明朝时期美发

明朝妇女的发式，虽不及唐宋时期丰富多样，但也具有其时代特色。明初基本承袭了宋元的发式，待到嘉靖以后，妇女的发式发生了明显变化，开始出现了狄髻、牡丹头、挑心髻和松鬓扁髻等发型。值得一提的是，明朝的手工艺产业经过不断发展，在头饰制作方面比前朝更加精美，选材范围也更加广泛，制作出不少发饰工艺品杰作，如图1-4所示。

图1-3　元朝时期美发

图1-4　明朝时期美发

5.清朝时期美发

清朝是中国最后一个封建王朝，以女真政权为主体。女真人长期生活在辽东等地，文化、习俗和中原地区迥异。可为了维持政权的稳定，清朝统治者还是要尊重汉人的习惯，因此，他们会保留满汉两种发饰习惯。当然，肯定是以满人的习惯为主。清早期，旗人女子多是辫发盘头，或者是包头，后来演变成一套特别的发饰钿子，如图1-5所示。汉族女子，一开始沿袭明朝时期的发饰风格，后来在清朝的影响下，也开始出现了一些变化。

图1-5　清朝时期美发

6.民国时期美发

民国时期处于新旧交替的阶段，既有开放的外来文化，又有含蓄的中国传统文化。在思想上，人们追求自由，向往平等的恋爱关系；在习俗上，人们摈弃旧俗，女子不用裹脚缠足。最能体现新特征的还是服装，大街小巷没有穿长袍、蓄长辫的，人们纷纷穿上了西式的服装，迈进新的时代。民国时期，含蓄的中国人开始追求新潮流，女性成了一道亮丽的风景线，这也是时代的特征。

（1）手推波纹式发型

这款发型如图1-6所示，我们经常会在影视作品中夜上海的歌舞厅里看到，这个发型搭配旗袍，展示出特有的东方女性风韵。时尚是一个轮回，现如今这款波纹式发型重新流行起来，很多女性结婚时会选择它。

（2）双辫式发型

这款发型就是普通的双麻花辫，如图1-7所示，多见于未出阁的女子，是民国时期最常见的发型。大街上，扎着双辫的女子随处可见，搭配一袭蓝色长裙，显得清纯可人。

图1-6　手推波纹式发型

图1-7　双辫式发型

（3）垂丝前刘海髻发型

在民国时期，富贵人家的大少奶奶经常梳这种发型，显得温文尔雅、富态，如图1-8所示。以前就有这样一个传统习俗：女子结婚后需要把头发全部盘起来；他们认为女性的头发最有魅力，把头发扎起来，就能避免激发他人的欲望。

（4）欧式宫廷卷发型

这款发型是从欧洲流传过来的，是上流社会专属的发型，如图1-9所示。很多有钱人家的女儿留学回国后，都喜欢弄这款发型，因为这款发型能透露出高贵的气质。

图1-8　垂丝前刘海髻发型

图1-9　欧式宫廷卷发型

（5）齐耳短发

民国时期的女学生大都留这种发型，剪去长长的辫子，象征着她们摈弃陋习，是新时代的独立女性，如图1-10所示。现在，这种发型被称为Bobo头，使人看起来干净利落。

（6）鬓燕尾式发型

在影视作品中的上海歌舞厅中，经常能看到梳此款发型的女性，如图1-11所示。舞女们梳着鬓燕尾式发型，戴上一个网格蕾丝的帽子，半遮面，有一种若隐若现的朦胧美。

图1-10　齐耳短发发型

图1-11　鬓燕尾式发型

7.中华人民共和国成立之后的美发

随着中华人民共和国成立，刚刚经历战争洗礼的中国，百废待兴。姑娘们返璞归真，不再追随西方潮流了。她们的发型简单、朴实、耐看，偶尔会用发饰修饰一下，如图1-12所示。

图1-12　中华人民共和国成立之初的女子发型

　　20世纪50年代末开始流行"刘胡兰头"，并且成了时代的印记，如图1-13所示。"刘胡兰头"整齐、垂直的头发刚好盖住双耳，看上去坚韧有力，干劲十足，对于当时要工作和生产的女子来说，这种发型比较合适。

　　麻花辫也是这个时期比较流行的发型之一，辫子是女性追求的潮流。这两条又粗又长的辫子在那个时代成了一道亮丽的风景线，如图1-14所示。

图1-13　"刘胡兰头"

图1-14　麻花辫发型

　　20世纪50年代还出现了一种女子发型——五号头发型：刘海不超过眉毛，鬓角不遮住耳朵，发根与脖子平齐，如图1-15所示。此发型因电影《女篮五号》主角发型而知名，曾流行于那一年代的年轻女性中。

图1-15　五号头发型

三、国内美发发展现状

从形式上可以看出，现代发型的样式由长到短、由短到长，发丝形态由直变曲、由曲拉直，发式造型由简到繁、由繁到简，发丝色彩由单色变成多色，循环往复，周期变化。但不管怎么变，都是在更高文化艺术基础上的不断创新与创造。另外，在20世纪60—70年代非常盛行用剃刀削发，这也是我国美发史上一项独特的传统技艺。20世纪80年代后，这种剪发方式逐步被新的剪刀修剪法取代，在这一过程中剪刀的长短与种类也在逐步变化。

现代美发业在国家的行业规范框架内运行良好，从业人员相对稳定，在日常的经营状态下收入也比较稳定，与其他第三产业相比收入处于中等偏高水平，从业人员数量在增加，文化素质也在提升，美发机构的运营模式多元化，服务性项目的种类在不断拓展。随着人们生活水平的不断提高，追求美的欲望也在不断攀升，美发的消费指数正朝着更高的方向增长。

1.规模扩大

美发行业涉及服务业、生产业、销售业、教育培训业等方面，其中以服务业为主体。美发行业受教育培训人数不断增加，从业人员的学历不断提高，美发机构的经营形式也在不断革新。虽然美发机构的运营规模总体仍以中小型企业为主，但是在运营过程中，企业规模在不断刷新纪录，与以前相比已经有了质的飞跃。

2.消费人群增加

美发的消费人群涉及社会的各行各业，其中国家公职人员、技术人员、企业管理人员，以及自由职业者是主要的消费群体，约70%以上的人对美发行业发展持乐观态度，美发消费已成为他们生活中不可或缺的一部分。

3.连锁、加盟店数量增加

目前，我国美发企业主要有家族式企业、合伙经营店、企业下属经营店、连锁经营店、加盟经营店和股份制企业等。从经营方面来看，正由单一的经营模式转向综合经营模式。再从经营规模来看，中小型的连锁经营、加盟经营占大多数。美发产业模式的改造任务还远远未完成，美发产业正在朝着国际化、现代化、标准化和规模化的经营管理模式发展。

4.直销、网络式经营

在网络时代，美发机构的经营模式和服务项目随着网络的变化而改变。经营模式有连锁加盟（直营连锁、特许加盟）、股份制企业、网络经营、外企合作经营等。经营的项目不再是单一地提供美发服务，许多中型企业通过直销、网销美发用品，提供网上预约等，为顾客提供方便快捷的服务。

5.从业者的素质有待提高

美发美容行业协会提供的统计数据表明，目前全国美发行业技术人员或管理人员文化知识较匮乏，直接影响行业从业人员的整体职业素养和专业技术水平，从业者需要努力提高文化素质和专业技能。

四、国内美发发展前景

1.服务更加多元化

未来美发行业的经营方向不应只局限于某个特定范围，应朝着多元化的方向发展，使顾客在店里就能够享受多项专业服务，方便又省时，符合现代人高效、快捷的消费需求。将商务、休闲、美容、美甲、形象设计等融入美发行业是大企业发展的一个新特点。

2.标准化、规范化、个性化

美发专业店的流行使专业服务得到了更好的细分化,专业细化更容易做出自己的特色。另外,现在顾客不但对美发师的技术服务和审美有一定的要求,而且还希望得到有关消费的资讯,如流行的发型、热卖的美发用品、时尚的休闲方式等,越来越多进美发沙龙消费的人都希望享受到这种个性化的服务,这也是未来美发行业发展的一个趋势。

3.男士理容蔚然成风

由于受传统观念的影响,人们视美容为女性专属,能丢开传统包袱、接受理容的男士并不多。现在,这种现象正在慢慢得到改变。近年来,男性对自己的形象越来越重视,而大多数人又缺少形象设计方面的专业知识,因此,男士理容是未来的趋势。

4.经营规范化,重视管理,重视培训

目前,我国一线城市的美发行业发展已进入规范、健康的轨道。经营规范,重视管理,严格要求,对从业人员的要求较高是一大鲜明特点。在竞争日益激烈的今天,有不少企业已先迈一步,一方面聘请专业的美发管理咨询机构参与到企业经营中来,帮助企业建立一整套行之有效的管理机制,进而强化企业自身的管理能力;另一方面加强对员工的培养与培训,提高企业自身的素质,这种举措将是今后我国美发行业发展过程中的一个工作重点。

◆ 任务实施

项目一	美发简史探索		任务一	探究中国美发简史	
姓名		班级		指导教师	

任务单

日期			小组名称	
任务名称				
探究场景				
探究 主要 内容				
工具与方法				
探究关键词				
探究结果				
小组评价	满意 □	不满意 □	教师评价	合格 □	不合格 □

◆ 任务小结

通过探究美发简史，了解了美发技术工艺的演变过程，更加明确了美发职业道路上的目标。

◆ 任务小结

［任务二］　　　　　　　　　　　　　　　　　　　　　　　　NO.2
探究西方美发简史

◆ 任务介绍

　　对美的追求是人类永恒的主题，不同历史时期有不同的审美标准，发型作为人类装饰文化的一种，蕴藏着丰富的文化内涵。作为文化传播的一种载体，西方发型随着社会背景的变化从颜色到样式都经历了深刻的变革，演变趋势总的来说是更自然、简洁。

　　本任务将探究西方美发简史，以及其发展现状和前景。同学们可通过小组分工合作的方式，在任务一的基础上，完成"中西方美发史沿革思维导图"的探究报告。

◆ 任务准备

　　1.搜集西方不同时期的发型图片，找出各时期代表性国家的代表发型；

　　2.观看历史纪录片，观察西方不同时期发型的特征；

　　3.记录中西方美发史的重要时间轴。

◆ 学习园地

　　一、不同时期的美发史

　　1.5世纪以前的美发

　　我们先从古埃及人说起。公元前4世纪，古埃及人的发型以短发为主，进入王朝时代，假发开始盛行。原因在于埃及的气候干旱缺雨，特别是夏季十分炎热。因此，一方面为了清洁，也为了遵从宗教仪式，男子剃光头发，女子剪短或剃光头发；另一方面为了防晒和美观，他们又戴上假发。此外，染色已经出现，古埃及人喜欢将假发染成黑色。

　　古希腊人非常重视发型，如图1-16所示，男子将头发剪短，并做成波浪卷，额头系发带或戴头箍。女子长发者居多，或烫，或扎成发髻，佩戴各种缎带、串珠、花环作为装饰。这一时期，金色（现代的亚麻色）的头发受到广泛青睐，贵妇染发之风盛行。

　　古罗马人同样非常重视发型。男子以短发为主，并烫成卷。女子则崇尚复杂华丽的发型，或烫，或染，或盘卷，抑或是梳理成各式各样的发式。

图1-16　古希腊人的发型

2.中世纪时期的美发

西方中世纪时期，典型特点就是宗教色彩浓重，因此这一时期人们的发型受到了宗教的桎梏。女性去教堂时必须戴面纱，同时将头发全部包起。修道院修女成为贞洁淑女的典范。普通女性的发型受修女包发的影响，多用面纱覆盖头部和颈部，如图1-17所示。

3.文艺复兴时期的美发

文艺复兴时期（14—16世纪），人们的发型随着文化的解禁重新张扬起来。男女发型都呈现出多样化，烫卷发、染发、佩戴假发和各种饰物重新成为时尚，如图1-18所示。

图1-17　中世纪时期女性发型　　　　图1-18　文艺复兴时期发型

4.巴洛克和洛可可时期的美发

进入17世纪，崇尚世俗风情和感官刺激的巴洛克艺术占据主导地位，而18世纪则由巴洛克风格过渡到凸显女性温婉气质的洛可可艺术风格，发型也受到这些艺术风格的影响。男子佩戴精致卷曲的假发，假发造型各异、种类繁多。女子除了佩戴卷曲假发外，对高髻的追求达到极致，最高可达100厘米左右。发髻上佩戴的饰物也更加繁多，如各种发带、羽毛、纱网、宝石、珍珠、盆景、动物、房屋甚至一艘军舰模型，如图1-19所示。

5.19世纪的美发

19世纪，随着资本主义经济的发展、社会的进步，人们对个性发型的追求使得发型更加多样化，特别是女性时尚发型的主导权不再掌握在宫廷贵妇手中，发型更加平民化、生活化，风格各异的帽子、花边成了这一时期妇女发饰的新宠儿，如图1-20所示。

图1-19　洛可可艺术风格发型　　　　　　图1-20　19世纪时期的美发

6.20世纪的美发

进入20世纪，社会的发展变化更快，生活也更加便捷、多样，人们对发型的追求不再局限于美观，而是集美观、便捷、舒适和健康于一体，同时又凸显张扬的个性。美发技术的进步，使人们的这些愿望得以实现，如图1-21所示。

图1-21　20世纪的美发

二、国际美发行业发展现状

1.美发机构

在国际上，每个国家、地区对美发行业的要求以及对机构组成的要求是不一样的。欧洲国家、美国、日本、韩国等美发行业发展历史较长，行业比较规范。欧洲对美发行业的从业人员有一套严谨规范的制度。1947年，法国开办了第一家美发美容学校，70多年来法国已形成了整套完整的美发从业人员规范章程。按照这个国家的有关规定，美发行业从业经验不足7年、没有受过专业培训的人员不得在美发美容培训学校执教。日本制定了《美发师法》，对开店所具备的条件、从业人员资格、培训及考试都有严格的规定，就连对美发机构从事洗头工作的人员也有相应的要求。

2.统一管理

具有服务特色的美发行业只隶属于一个政府部门（卫生部门、劳动部门或商业部门），职能明确，价格体系公开透明。欧美、日韩等美发行业的用品价格相对公开透明，由专属机构对美发用品的质量、价格进行监管。美发行业的主要卖点立足于服务，相应的美发用品只是服务的附属品。

3.设备与造型用品

随着科学的进一步发展，许多高科技领域的技术和成果不断进入美发领域。美发设备与造型用品以及制作工艺更加科学，更加贴近人们的生活。

三、国际美发行业发展前景

1.交流与传播

目前国际性的美发比赛大致有世界技能大赛（美发项目）、世界杯发型大赛（OMC技能大赛）、亚洲美发美容大赛等，各国家和地区的美发师踊跃参加，通过各种赛事互访交流，加强了各国各地区间的技术交流与合作，美发行业得到了更好的发展。

2.工艺与技术

美发师们在发型点、线、面、形、轮廓的构成上，进行了不断的创新，特别是在头发的颜色上进行了大胆的尝试，创作了许多光彩夺目的发式。

3.色彩变化

头发的样式及整体造型已不是头发的所有组成部分，绚丽夺目的发型离不开头发的色彩变化，发色运用已成为一种主流，色彩的旋律更加能冲击人们的视觉。在日常生活中，爱美的人会通过焗色、漂染和挑染等方法，将头发的造型与头发的色彩变化结合起来。

4.修剪创新

头发的造型离不开修剪创新，德国的修剪法与英国的修剪法已普遍被人们接受，标志着美发修剪进入了以几何、物理和艺术为依据的科学发展阶段。

◆ 学习反思

1.美发在我国的发展分为哪几个主要阶段？
2.简述我国民国时期美发行业的变化与发展。
3.简述新中国成立以来我国美发行业的工艺与技术变化。
4.简述国际美发行业发展的前景。

◆ 任务实施

项目一	美发简史探索		任务二	探索西方美发简史	
姓名		班级		指导教师	

任务单

日期			小组名称	
任务名称				
探究场景				
探究主要内容				
工具与方法				
探究关键词				
探究结果				
小组评价	满意 □	不满意 □	教师评价	合格 □	不合格 □

◆ 任务小结

通过学习，了解了中外美发行业发展历史，让作为这一行业未来新兴力量的我们，对中国美发行业的发展充满自豪感和自信心。

◆ 项目评价

项目一		美发简史探索		日期		
姓名		班级			指导教师	

项目评价表

评价类型	评价环节	评价指标	分值/分	自评	互评	师评
过程性评价	专业知识 与技能	知识的理解和掌握	10			
		知识的综合应用能力	10			
		任务准备与实施能力	20			
		动手操作能力	20			
	职业素养	项目实践过程中体现的职业精神和职业规范	5			
		项目实践过程中体现的职业品格和行为习惯	5			
		项目实践过程中体现的独立学习能力、工作能力与协作能力	5			
终结性评价	项目成果	项目完成情况（目标达成度）	5			
		项目质量达标情况	20			
得分汇总						
学习总结 与反思						
教师评语						

项目总结

纵观整个人类文化发展史，发式是千姿百态、丰富多彩的，深受不同历史时期、不同民族及不同地域的影响。

发型的历史沿革及其演变过程，从侧面反映了人类社会的政治、经济、文化水平和一个民族的形象。因此，我们说发型在人类文化史上始终反映着社会的更替与发展、进步与繁荣，在人类生活中占据着举足轻重的地位。

项目二
洗、护发与按摩基础操作

【项目简介】

　　洗发是剪发、烫发、染发和护发的前期工作。它不仅是美发工作的预备步骤，是顾客在美发店体验的第一个项目，也是对服务水平的一个考验，对顾客消费项目的延续起到重要作用。洗发与按摩一直以来都是我国美发行业的传统服务项目，秀发如肌肤，细心呵护自己的秀发，已经成为越来越多健康时尚男女的重要功课。洗发技巧如果被忽视，护发效果自然不理想。头皮、头发和面部是一体的保健区域，按摩可以促进头部血液循环，科学的按摩护理会消解疲劳，使人神清气爽。

　　在为顾客洗头前后对其头部、肩颈和背部使用由轻到重、先慢后快、由浅及深的按摩手法，可以起到疏通气血、调节功能以及活络筋骨的作用，帮助顾客解压、消除疲劳。

　　本项目精选最新的科学洗发手法，严谨细致地进行实景示范拍摄，附上微课视频。

【参考学时】

　　本项目包含2个任务，分别为任务一洗、护发操作(10学时)，任务二头部按摩（6学时）。学习本项目预计需要16个参考学时。

【知识目标】

　　1.认识洗发、护发设备和工具；

　　2.掌握洗发、按摩与护发的安全注意事项；

　　3.认识头部骨骼的结构及穴位的作用。

【技能目标】

　　1.掌握洗发、护发的操作技术；

　　2.能按照规范的洗发、护发流程进行操作；

　　3.能运用头部按摩方法完成按摩操作；

　　4.能按照顾客的需求进行洗发、按摩与护发操作。

【素养目标】

　　1.通过洗发、护发工作的规范操作训练，养成严谨细致、精益求精的工作习惯；

　　2.通过使用合适的手法完成按摩操作，树立正确的服务意识和爱岗敬业的职业精神。

［任务一］
洗、护发操作

◆ 任务介绍

　　洗发是剪发、烫发、染发和护发的前期工作。它是美发工作的预备步骤，是顾客在美发店体验的第一个项目，也是对服务水平的一个考验，对顾客消费项目的延续起到重要作用。

◆ 任务准备

　　1.洗发用品：洗发围布、毛巾、洗发液、护发素、吹风机、宽齿梳等；
　　2.消毒用品：酒精喷雾、酒精棉和镊子等。

◆ 学习园地

一、洗护用品的种类

1.洗发水

　　洗发水又称洗发液、洗发露、洗发精或洗发香波，是应用较为广泛的头发和头皮基础护理用品，其主要作用是清洁头皮和头发。

　　洗发水的分类如下：

　　•低端洗发水：它的特点和功效是纯清洁，以透明为主，无功效性。其配方结构主要是表面活性剂、增稠剂，使用原料为高粘纤维素等。针对的消费对象一般是低收入人群。此类洗发水在酒店、批发市场比较常见。

　　•中端洗发水：在清洁的同时有一定的调理功效。其配方结构主要是表面活性剂、硅油和少量调理剂，使用原料有硅油、瓜尔胶等。一般中等收入人群选择较多。此类洗发水在商场、超市以及终端日化线有售。

　　•高端洗发水：在清洁头皮、头发的同时又具有快速的调理功效，它能使头皮、头发生长健康、菌群平衡、油脂平衡以及代谢平衡，但也不能天天使用。其配方结构有表面活性剂、硅油、阳离子调理剂和水溶性油脂。使用原料主要有硅油、瓜尔胶、阳离子纤维素和乳酸月桂酯等。其消费对象一般为高收入人群中对头发比较关注的女性。这类洗发水在发廊、美发沙龙和专业线有售。

　　专业产品线的洗发水针对不同的发质类型，可根据需要选择性购买。比如，纤细或普通发质选用"平衡油脂清爽型"洗发水；彩染发质选用"固色修护型"洗发水；卷曲发质选用"柔顺丝滑型"洗发水；受损发质选用"舒缓亮泽型"洗发水。

2.护发产品

护发产品是用来保护、修护头发和改善发质的化妆品类日化品。

使用方法：洗发后，揉入护发产品，停留一定时间后用清水冲洗干净，也可以和洗发水合为一体使用。

护发产品的分类如下：

•护发素：由阳离子表面活性剂/蜡/醇等组合配方，以工业石蜡、十六十八醇乳化剂等为原料。这类护发素价格低、护发功效也低，可天天使用。

•焗油膏：由阳离子表面活性剂、硅油、十六十八醇纤维素及少量调理剂等组合配方。调理功效优于护发素，但又比专业发膜差一些，可间隔一二天使用一次。销售一般以商场、超市、终端以及日化线为主。

•发膜：发膜也可称为倒膜。由阳离子表面活性剂、阳离子化合物、硅油、氨基硅油、乳化剂、保湿剂、纤维素、抗过敏剂及多种少量调理剂等组合配方，原料由氨基硅油、十六十八醇、乳化蜡、乳酸透明质酸和水解胶原蛋白等组成。调理功效大大优于护发素和焗油膏，一周使用一次即可。能迅速补充严重受损发质的油脂，快速修护头发。

通常还有一些护发产品，比如，还原酸、柔顺王等。这些产品也有类似发膜的功效。它们的销售大都以发廊、美发沙龙和专业线为主导。

当然，除了以上常见的护发产品外，如果从外观进行分类的话，还有护发精油、护发喷雾、免洗护发以及护发精华等。

二、针对不同发质洗发、护发产品的选择

一般来说，人类的头发，无论何种发质，实质上每根头发的组成都是一样的。它们都是由死去的细胞，即一种称为角蛋白的物质组成，其原理与皮肤和手指甲的角质层是相同的。头发的角蛋白结构特别精细，所以头发明显不同于手指甲，它既有硬度，又富有弹性，既牢固又能做成各种形状。如果把头发横截面放到显微镜下，可以发现：一组纤维由某种黏合物黏合在一起，形成一个圆圈；纤维中间是很细的"中腔"，纤维的外围层层叠叠地裹着鳞片，起到保护内部头发的作用，如图2-1所示。

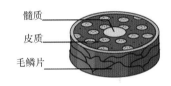

髓质
皮质
毛鳞片

图2-1　毛发横切面结构图

所以，每个人的发质不同，宜选择的洗护品种也有所不同。

1.中性发质

有良好的血液循环，正常滋润而形成一层弱酸性保护网，油脂分泌正常。

建议选用中性、弱酸性洗发水，其含有简单护理成分，适当地清洗即可。例如，氨基酸洗发水、草本植物（如薰衣草）洗发水以及木瓜酵素含量丰富的洗发水等。

2.干性发质

缺乏油脂分泌；头发角质蛋白流失、缺少水分；头发根部稠密，但至发梢处则变稀薄；有时出现分叉的情况，手触时有粗糙感，头发僵硬，弹性较低，弹性伸展度小于25%。

建议避免使用碱性洗发水，减少头发的角质蛋白因在清洁过程中溶出而流失。在洗发水的选择上应注重具有保湿滋润作用，能最大限度地滋润发丝，缓解脆弱，减少头发缠绕分叉，帮助干性发质增加光泽和滋润度的洗发产品。同时在护发素的选择上，也应注重具有保湿、滋润作用，多使用含有氨基酸、小分子营养素的护发产品。

3.油性发质

头发油脂分泌过量；头发油腻厚重。这种发质大多与内分泌紊乱、遗传、精神压力大、过度梳理以及经常食用高脂食物有关。油性发质的头皮层容易粘上灰尘等异物，堵塞毛孔，出现头屑及头痒的情况。

建议选择如下：

①弱酸性洗发水，因为正常人头发的pH值为4.5～5.5，而油性发质的pH值一般达到了7以上，使用弱酸性的洗发水可以中和pH值，缓解头皮出油。

②控油洗发水，能够抑制油脂分泌，让毛孔保持干燥，避免油脂残留。

③去屑功能的洗发水，能够去除污垢，避免堵塞毛孔。

④保湿、补水的洗发水。缺水会导致油脂分泌过多，补充水分会让头皮酸碱度达到平衡，从而达到控油效果。

4.混合型发质

头皮出油但头发干涩，即靠近头皮1厘米左右的头发会出很多油，但越往发梢的头发越干燥甚至会出现开叉现象。由于发根比较油腻，而发梢又比较干燥，因此要特别注意发根部和发梢部的清洁。

这样的发质最好准备两套洗发水：如果有落发、头皮屑，或是头皮油脂分泌过多、头发容易塌陷等问题，就应该根据头皮做选择，使用油性洗发水或油性头皮专用的精油、按摩油等产品。但是如果头皮问题不严重，即使有出油现象，头发还是蓬松厚卷，尤其是刚进行完烫、染发等，就必须偏重头发性质，选择干性洗发水，并加强护发。平时还可以在发梢部位抹上免洗的润发露，随时滋润干燥的发梢，防止头发分叉，让头发更健康。目前，只有极少数兼顾两者的洗发水，例如，含有植物成分的综合性洗发精，既能收敛头皮，又能保湿，减少发梢干燥。

5.受损发质

①轻度受损发质：在发尾处有轻微分叉现象，秋冬季节空气干燥时容易起静电，用手触摸时发丝有干涩粗糙的感觉。

建议使用含有精油配方的洗发产品，清洁后可使用含有天然草本成分的精华素涂抹，进一步为头发补充营养和水分。

②极度受损发质：发质枯黄、黯淡无光、头发干枯严重、分叉严重、发梢分裂或缠结成团，易断发甚至还有脱发困扰。

建议选用弱酸性洗发产品，尤其是含甜杏仁油、植物精油、维生素A、维生素F和橄榄油等成分的洗发水，能帮助头发强化内部结构，恢复并保持头发的弹性和光彩。

③严重受损发质：无光泽、无弹性、分叉从发丝中段就开始，头发干枯毛糙、松散、不易梳理，触摸时有粗糙感，头发里层有成团梳理不通顺的结。

建议选用专门针对受损发质的洗发产品，其含有温和的氨基酸型表面活性成分，能够快速清除头发多余油脂与皮屑。清洁头发后选择具有深度密集修复功效的发膜或者质地轻薄、渗透力强的精油对头发进行进一步的滋养和修复。

三、洗发、护发产品的作用

1.去污作用

清洁头发和头皮。通过使用洗发、护发产品可以去除头发和头皮的污垢——空气中的灰尘，头皮的皮脂腺和汗腺的分泌物，头屑以及饰发品的残留物，如发胶、发乳、发蜡等。

2.保健作用

舒适、提神、醒脑。使用洗发、护发产品进行洗发操作时，通常使用揉、搓、抓、挠等动作来完成，这些动作反复作用于头皮，可以促进表皮组织的新陈代谢，适当的刺激还可以促进头皮的血液循环，有利于头发的生长。

3.美化作用

体现自然美。使用洗发、护发产品后的头发蓬松柔软、富有光泽，即使不做任何修饰，也能将头发的自然美感充分展现出来。

4.为塑造发型奠定基础

使用洗发、护发产品洗发可为后续美发项目做铺垫的，顺滑、清爽的头发易于梳理，便于修剪操作和吹风造型，是进行修剪、烫发、吹风造型和头部护理等项目的前提条件。

四、健康头发的必备条件

1.洁净

洁净是健康头发的基本条件。头皮内的皮脂腺、汗腺分泌出的物质和大气中的尘埃、污染物以及微生物相混合，增加了头发间的摩擦，从而伤害头发，另外，还会散发出让人难以接受的异味。要勤洗发，边搓洗头发边按摩头皮，以促进头部血液循环，使头皮和头发保持清洁。

2.健康

要保持良好的头发生长环境，使头发健康生长。健康的头发从发根至发梢都是亮泽、顺畅、有弹性的。健康的头发能对头皮起保护作用。

3.无过多头皮屑

健康头皮上生长的头发是没有过多头皮屑的。健康的头发呈弱酸性，会保护和平衡着头皮健康。因此，保护好头发的生长环境很重要。

4.发丝柔顺

头发飘逸柔顺、不打结、梳理顺畅，发梢不毛糙、不分叉。

5.滋润有弹性

头发亮丽、滑润，富有弹性，易于梳理，易于造型。

◆ 任务实施

一、洗发的分类

1.干洗

干洗又称坐式洗发，是顾客坐在美发椅上，洗发师在洗发前不润湿头发，而将洗发水直接涂抹在其头发上，并仅用少量水揉出泡沫的一种洗发方式。其特点是会让顾客感觉比较新颖，抓洗比较充分。当然，在顾客时间不充足的情况下不建议用此方式洗发。从科学的角度讲，干洗是不可取的。干洗时，高浓度的洗发水直接作用于头皮，洗发师用手指甲抓挠头皮，易造成头皮表层、皮质层脱落，特别是干洗后再做烫染，头皮会直接接触到烫发、染发化学品，易造成脱发、皮肤过敏和毛囊受损等后果。随着人们生活节奏加快，这种洗发方式已基本退出美发店的服务项目。

2.水洗

水洗又称仰式洗发，是顾客躺在洗头床上完成洗发操作的一种洗发方式。其特点是会让顾客感觉较放松，洗发时间相对可控，一般在15～25分钟。

根据洗发的模式可调整具体洗发时间。

二、洗发的操作流程

洗发操作流程

1.调节水温

用手腕内侧试水温（手腕内侧的感觉接近头皮的感觉），一般在30～42 ℃；保证水温稳定后，再把喷头移到顾客的额头，询问顾客水温是否合适。如果顾客对水温不满意，应立即把喷头从顾客的头部移开，并根据顾客要求调节水温，至顾客满意为止。

2.冲湿头发

用温水将头发完全冲湿，并通过移动空余的一只手来保护顾客的脸、耳及颈部，防止水喷洒到顾客的面部。

先冲洗前额及头顶，并用手掌轻轻贴在顾客头上挡水，而后冲洗左侧鬓角、右侧鬓角和脑后。

冲洗时，一只手拿喷头，另一只手贴近顾客头皮，并跟着水流的方向走，一定要冲洗透，如图2-2所示。

3.涂抹洗发液

先用两个手掌将适量的洗发液搓匀，再涂抹在顾客耳朵两边的头发上，如图2-3所示。

图2-2　冲洗

图2-3　涂抹洗发液

4.开沫

双手以打圈方式揉出泡沫，待泡沫适量后，将泡沫拉至发尾并延伸到全部头发，如图2-4所示。

5.收发际线

用双手手指在头皮上做半圆弧状按压和滑动的动作，如图2-5所示。

图2-4　开沫

图2-5　收发际线

6.抓洗

（1）抓洗额头部分，从前发际线开始洗，先抓挠发际线边缘，同时将发际线边缘头发向后聚拢，然后由前发际线向头顶反复抓洗，如图2-6所示。

（2）抓洗头部两侧面及鬓角，如图2-7所示。

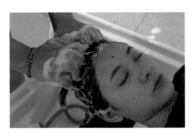

图2-6　抓洗额前部分

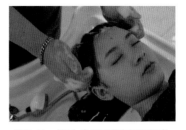

图2-7　抓洗头部两侧面及鬓角

①由侧发际线抓洗至头顶，如图2-8所示。
②由鬓角抓洗到头顶，如图2-9所示。

图2-8　由侧发际线抓洗至头顶

图2-9　由鬓角抓洗到头顶

（3）抓洗后脑部分。
①由下方发际线向顶部抓洗，如图2-10所示。
②两手掌心托住顾客后脑，由颈部中间向头顶抓洗后脑，如图2-11所示。

图2-10　由下方发际线向顶部抓洗

图2-11　抓洗后脑

（4）抓洗头顶及正后部分。
①双手手指略微张开，交叉来回搓洗。
②移动动作以"锯齿状"进行，幅度和轻重可根据顾客需要进行调整，如图2-12所示。

注意：抓洗一般是两遍。第一遍抓洗完毕，用清水冲洗干净，重新涂抹洗发液抓洗第二遍。第二遍与第一遍的抓洗动作大致相同，但节奏可稍快。抓洗时应避免用指甲抓挠头皮。用一只手挠头，另一只手托住顾客头部，如图2-13所示。

图2-12　抓洗头顶及正后部分

图2-13　托住头部

7.冲洗

①调试好水温，然后将喷头顺发丝方向冲洗。操作时，两手配合要默契，手到水到，一手拿喷头，另一个手掌要张开并护住顾客的前额及耳部，如图2-14所示。

②一只手拿喷头，另一只手要顺势在发丝间抖动，便于将泡沫完全冲洗干净，如图2-15所示。

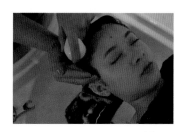

图2-14　冲洗

图2-15　冲净泡沫

8.涂抹护发素

将护发素均匀地涂抹在发丝、发梢处（不要涂抹在头皮上），双手十指分开，理顺头发，轻柔1~2分钟，使头发得到充分滋润，如图2-16所示。

9.冲洗护发素

将护发素冲洗干净，如图2-17所示，如需烫发或染发则不需要涂抹护发素。

图2-16　涂抹护发产品

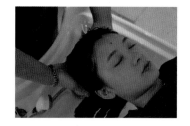
图2-17　冲洗护发素

10.包毛巾

首先，用干毛巾吸干脸部、颈部和耳部的水（毛巾以按摩方式吸干头发上的水）；其次，轻轻托起顾客头部，用干毛巾沿发际线周围将头发包好。包毛巾时，要注意松紧适宜；最后，轻轻托着顾客头部和肩部，告诉顾客可以坐起来了，如图2-18所示。

11.头发洗净后的打理

用干毛巾把头发上的水尽量吸掉，再用梳子轻轻梳理后自然晾干头发。若使用吹风机，应启用"柔和挡"，在距头发10厘米之外将头发吹干。切忌将吹风机固定在一个地方超过5秒，切勿用毛巾反复揉

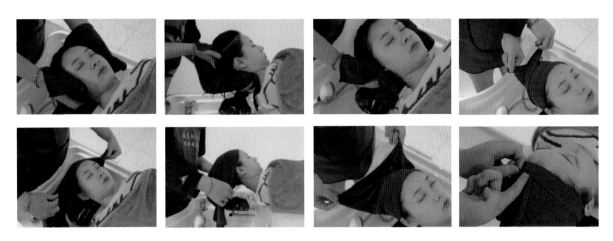

图2-18　包毛巾

搓和拍打湿发。因为发根经过热水浸泡和按摩后，血液循环加快，毛孔扩张，此时若粗暴对待，头发易被拉断。

三、护发的基本操作

1.洗头

无论去哪个理发店做头发护理，首先都要先洗头，如图2-19所示，还会用到洗发水，并且通常会用单性洗发水，而这个过程中店员通常会给顾客推销他们的洗发水。

2.涂抹护理产品

发型师会用专业的手法，将护理头发的产品，涂抹在顾客头发上，如图2-20所示，实际上这些产品和我们平时家用的护发素差不多，效果就是修护头发。

图2-19　洗头

图2-20　涂抹护理产品

3.加热

一些理发店在做护理时，还会使用工具进行加热，如图2-21所示，目的是打开毛鳞片，对前面涂的护发产品吸收更快一些，也可以根据需要选择用或不用。

4.冲洗吹干

先加热大约15分钟，然后就可以将头发冲洗干净，这个时候无须再用洗发水，清水冲洗就好，洗完后将头发吹干，如图2-22所示。

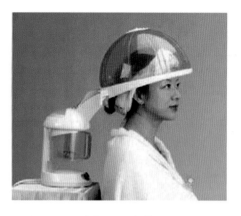

图2-21　加热

图2-22　吹干头发

 小贴士

洗发效果不佳的表现及处理方式如下：

1.顾客感觉不舒服

处理方式如下：
①洗发时间适宜，最好维持在12～15分钟，水温控制在30～42 ℃；
②顾客躺在洗发椅的位置不宜过高或过低；
③洗发时，力度要适中，一定要用指腹，不要用指甲，以免刮伤头皮。

2.泡沫不丰富

处理方式如下：
①洗发液与水的比例适中，不宜太稀或太浓稠；
②如果头发太脏，可以增加洗发次数。

3.头发滑而起泡

处理方式如下：
①对头发发根进行彻底冲洗，清除残留在发根上的洗发液；
②用梳子梳理发根再认真地冲洗。

4.发丝缠绕不易梳理

处理方式如下：
①洗发前对头发进行梳理；
②洗发过程中使用护发素。

◆ **实战训练**

项目二	洗、护发与按摩基础操作	任务一	洗、护发操作
姓名		班级		指导教师	

任务单

日期		小组名称	
任务名称			
操作场景			
简述 洗发、护发 操作步骤			
实训用具			
服务用语			
关键词			
训练小结			
顾客评价	满意 □	不满意 □	教师评价	合格 □	不合格 □

◆ 任务测评

任务一　洗、护发操作测评表

评价标准	分值/分	学生自评	学生互评	教师评定
能按顺序进行洗发、护发操作	30			
动作手法规范，两手配合默契，节奏均匀，力度适中	20			
洗发手法运用得当，抓洗顺序正确，可达到发丝顺滑、泡沫均匀的要求	30			
顾客感觉轻松、舒适	20			
总分	100			

◆ 学习反思

1.针对不同发质类型你会选择哪种洗发水？

2.遇到泡沫弄到顾客脸上的情况，你应如何处理？

3.使用过的毛巾如何洗涤和消毒？

[任务二]

头部按摩

◆ 任务介绍

按摩，一直以来都是美容美发行业的传统服务项目，在为顾客洗发前后对其头部、肩颈和背部进行由轻到重、先慢后快以及由浅及深的按摩，能够起到疏通气血、调节功能和活络筋骨的作用，可以帮助顾客解压、消除疲劳，如图2-23所示。

对于一名美发师来说，准确地掌握人体头部、肩部和背部的主要穴位及其各自作用是必不可少的技能。

图2-23 头部按摩

◆ 任务准备

1.课堂资料：头部穴位图；
2.消毒工具：75%的消毒酒精、擦拭酒精棉片、毛巾等。

◆ 学习园地

一、按摩的原理

按摩以中医的脏腑、经络学说为理论基础，运用各种手法刺激人体特定部位或某些穴位，达到促进血液循环、增强身体抵抗力和调整神经功能的目的。按摩分为保健按摩、运动按摩和医疗按摩等。保健按摩是我国美发行业的传统服务项目之一。

二、按摩的作用

1.疏通经络

按摩可以打通经络，促进头皮血液循环，给头发的生长与养护提供更多更好的营养成分。

2.阴阳平衡

阴阳平衡是指人体的阴阳呈现一种协调的状态，是生命活力的根本，阴阳平衡则身体健康、精神矍铄，阴阳失衡则早衰、易患病。

3.调整脏腑

按摩能调肾、调脾、调肺、调肝、调心及调节人体各脏器，能疏通气血，调理阴阳，促进人体健康。头部按摩为头发的生长与保养提供了有利条件。

总之，用手按摩也好，用按摩器械辅助也好，都能产生物理效应，起到疏通经络，使人体气血运行畅通的作用。实践证明，人体接受按摩后，微循环系统畅通，毛细血管扩张，血流加速，从而改善全身的血液循环，加速人体内部有害物质的代谢，可以达到强身健体的目的。

三、按摩用具用品

按摩用具主要有按摩椅、按摩床和按摩枕，还有木质"丁"字按摩器、木质羊角按摩器、手枪式按摩器以及滚动按摩器等。按摩用具要有国家相关部门检验后颁发的合格证书，并要求安全、牢固、舒适和方便操作。

按摩用品主要有滑石粉、红花油、按摩油、生姜汁、薄荷水、按摩膏、护肤膏、护肤水和橄榄油等。

按摩用品的主要作用是润滑皮肤，滋养皮肤，便于按摩操作，起到疏通经络、加快气血运行以及保持机体阴阳平衡的作用。

四、按摩要点

1.环境舒适

按摩时的环境要求为：足够的空间、新鲜的空气、适宜的温度以及整洁的摆设；按摩操作者要注意个人卫生，并且按摩时必须佩戴口罩。

2.思想集中

按摩时，按摩操作者要集中精神，用心体会所按穴位的准确性与力度轻重程度，严禁喧哗、嬉笑和聊天。

3.体位适宜

按摩时，按摩操作者要调整气息、充分放松、压力适度、呼吸匀称，以提升按摩效果。

4.抓住重点

按摩时，按摩操作者要把握"离穴不离经，离经不离痛"的原则，分清保健、预防和解除疼痛的目标。

5.把握时间

按摩时要循序渐进。

6.使用器械

按摩操作者要熟悉器械操作原理，掌握器械操作方法，安全有效地进行按摩。

五、按摩注意事项

1.饥饿时、刚进食后不宜按摩，醉酒者、高烧发热者不宜按摩；
2.孕妇尽量不要做按摩；
3.经期妇女慎用按摩手法；
4.软组织损伤处、皮肤破损处慎做按摩。

六、按摩常用手法

1.拿

用一只手或双手拿住皮肤、肌肉或筋膜，向上提拉，随后放下。

2.推

用手指、手掌、拳或手肘向前、向上或向外推挤皮肤和肌肉。

3.按

按分为指按和掌按两种。指按是用指腹按压体表。掌按是用单掌按压体表，也可用双掌分开或重叠按压体表。

4.摩

摩分为掌摩和指摩两种。掌摩是用掌面附着在一定部位上，以腕关节为中心，连同前臂做节律性的回旋运动。指摩是用食指、中指、无名指的指面附着在一定部位上，以腕关节为中心，连同手掌做节律性的回旋运动。用掌摩和指摩时，关节要自然弯曲，腕部放松，指掌自然伸直，动作缓和而协调。

5.捏

捏有三指捏和五指捏两种。三指捏就是用大拇指、食指和中指夹住肢体或肌肤，相对用力挤压。五指捏就是用一只手的五根手指夹住肢体或肌肤，相对用力挤压。在做相对用力挤压动作时，要循序而下，均匀而有节律。

6.揉

揉分为掌揉和指揉两种。掌揉是将手掌大鱼际或掌根置于一定部位或穴位上，腕部放松，以肘部为支点，前臂做主动摆动，并带动腕部做轻柔缓和的摆动。指揉是将手指指纹面置于一定部位或穴位上，腕部放松，以肘部为支点，前臂做主动摆动，并带动手腕和掌指做轻柔缓和摆动。操作时，压力要轻柔，动作要协调而有节律。

7.点

点分为指点和屈指点两种。指点是用拇指端点压体表或穴位。屈指点又分为屈拇指点和屈食指点。屈拇指点是用拇指指间关节桡侧点压体表或穴位。屈食指点是用指近侧指间关节点压体表。点这种方法作用面积小，刺激性强。

8.滚

用手背近小指部位着力于体表，并通过腕关节的伸曲和前臂的旋转做协调滚动。

9.拍

用虚掌拍打体表称为拍。操作时，手指要自然并拢，指关节微屈，平稳而有节奏地拍打体表。

10.擦

擦是指用手掌的大鱼际、小鱼际或掌根在相关部位进行来回的直线摩擦。按摩手法有很多，几种常用的按摩手法如图2-24所示。

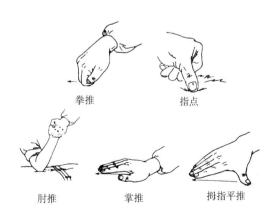

拳推　　　　指点

肘推　　　掌推　　　拇指平推

图2-24　按摩手法

七、头部按摩主要穴位及作用

1.头部主要穴位

如图2-25和图2-26所示，分别为头部主要穴位和耳部主要穴位。

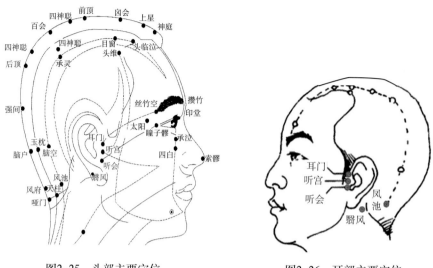

图2-25　头部主要穴位　　　　　　　　　图2-26　耳部主要穴位

2.头部主要穴位的作用

头部主要穴位位置及其按摩作用见表2-1。

表2-1　头部主要穴位

穴位名称	位置描述	按摩作用
攒竹穴	位于两个眉头处	疏风解表、镇静安神
印堂穴	位于两眉的间隙中点	主治头痛、头晕
神庭穴	在前发际线正中上0.167厘米处	主治头痛、头晕
百会穴	位于前顶后5厘米处	主治头痛、昏迷不醒等
太阳穴	位于眉后，距眼角1.67厘米凹陷处	疏风解表、清热、明目、止痛
率谷穴	位于耳上入发际线5厘米处	主治头痛
风府穴	位于后发际线正中3.33厘米处	散热吸湿
囟会穴	位于头部，当前发际线正中直上6.67厘米处（百会穴）	主治头痛、目眩，面赤暴肿，鼻渊，笔痔等
风池穴	位于后脑部两端的凹陷处	发汗解表、祛风散寒、调节皮脂腺和汗腺的分泌
翳风穴	位于耳垂后方，张口取其凹陷处	疏风通络，改善面部血液循环
听会穴	位于耳垂直下正前方凹陷处	止痛
听宫穴	头部侧面耳屏前部，耳珠平行缺口凹陷中，耳门穴的稍下方	回收地部经水导入体内
耳门穴	耳门穴位于人体的头部侧面耳前部，耳珠上方稍前缺口凹陷中，微张口时取穴	降浊升清
哑门穴	位于顶部后正中线上，第一与第二颈椎棘突之间的凹陷处（后发际凹陷处）	收引阳气

◆ 任务实施

一、清洁及按摩

清洁双手，让顾客平躺在洗头床上，垫好毛巾、隔水纸，做好防水工作。

二、操作流程

1.按摩的主要手法

头部的按摩手法主要有按法、摩法、拿捏法、点法、揉法和击法。

2.头部按摩步骤及方法

头部按摩步骤及方法如下：

（1）松弛头部

双手十指略分开、略张开地插入头发中，十指并拢，夹住头发轻轻向外提拉，如图2-27所示。

图2-27　松弛头部手法

（2）点穴

手法1：以顺时针或逆时针方向绕圈的方式揉按。

手法2：以顺时针或逆时针方向绕圈的方式揉按，再带力按压穴位，如图2-28所示。

图2-28　点穴手法1和手法2

手法3：食指、中指分别按住太阳穴，以绕圈的方式按顺时针或逆时针方向揉按，先揉几下，随后将手指轻提，稍作停顿再沿穴位按一下，如图2-29所示。

图2-29　点穴手法3

（3）头部按摩

①头部纵向三条线穴位的按摩。

手法：点按，即用按摩手法从一个穴位移动到下一个穴位，反复几次。

第一条线：由神庭穴到百会穴，如图2-30所示。

第二条线：由临泣穴到后顶穴，如图2-31所示。

图2-30　头部按摩第一条线

图2-31　头部按摩第二条线

第三条线：由百会穴到承灵穴再到率谷穴，如图2-32所示。

②头部横向三条线穴位的按摩。

手法：点按穴位。

第一条线：由上星穴到窗穴再到率谷穴，如图2-33所示。

图2-32　头部按摩第三条线

图2-33　点按穴位第一条线

第二条线：由囟会穴到正营穴再到率谷穴，如图2-34所示。

第三条线：由百会穴到承灵穴再到率谷穴，如图2-35所示。

图2-34　点按穴位第二条线

图2-35　点按穴位第三条线

③从发际线到后顶部的按摩。

手法：双手五指分开、重叠，将手指头放在前额上，缓慢且平稳地朝后移动，用适度的力度点按至后部，如图2-36所示。

图2-36　按摩手法

④点压。

手法：用指端在所有穴位上用力向下点压，如图2-37所示。

图2-37 点压手法

⑤敲击头部。

手法1：用手指的侧面及手掌侧面依靠腕关节摆动击打按摩部位，力度均匀而有节奏，如图2-38所示。

手法2：双手合十，掌心空虚，腕部放松，快速抖动手腕，以双手小指外侧着力，扣击头部，从头顶至颈部轻扣头皮，如图2-39所示。

图2-38 敲击手法1

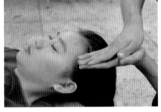

图2-39 敲击手法2

手法3：先用一只手轻抚头部，然后用握空心拳的另一只手敲打手背，或者双手握空心拳敲打头部，如图2-40所示。

图2-40 敲击手法3

⑥轻弹头顶部。

手法：指尖并拢成梅花状，用指尖在皮肤表面一定部位上做垂直上下击打动作，如图2-41所示。

图2-41 轻弹手法

（4）再次放松头部

手法：十指略插入头发中，十指并拢夹住头发轻轻向外提拉，如图2-42所示。

图2-42　放松头部

 小贴士

常见问题及解决方法：

一、按摩的注意事项

（1）按摩强调适当的节奏和方向，手法要由轻到重、先慢后快、由浅至深，以达到轻柔、持久、均匀以及有力的要求；

（2）按摩以头部为主，按摩后顾客应感到轻松、舒适；

（3）按摩时间长短、力度轻重应先征求顾客意见，再进行操作；

（4）患有明显头部皮肤病及严重心脏病的顾客禁忌按摩。

二、容易出现的问题

1.程序性错误

在洗发过程中进行头部按摩，会导致洗发水在头发上停留时间过长，造成头发损伤。按摩应在洗发后或刮脸后进行。

2.手法错误

（1）穴位的点按位置不准确；

（2）手法过轻或过重；

（3）按摩动作太快或太慢；

（4）手法不规范。

◆ 实战训练

项目二	洗、护发与按摩基础操作	任务二	头部按摩
姓名		班级	指导教师

任务单

日期		小组名称	
任务名称			
操作场景			
给图2-43填充穴位	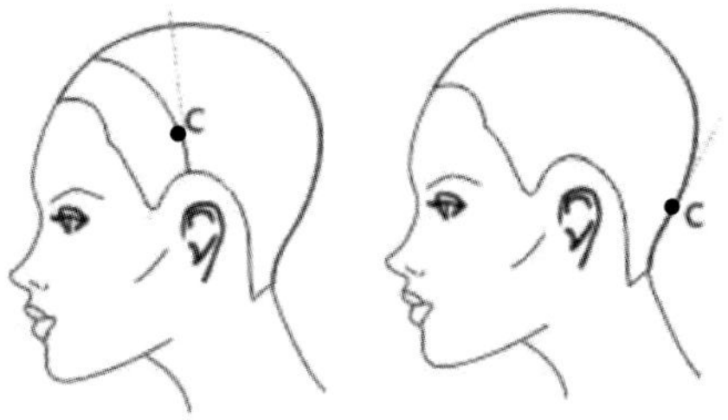 图2-43 穴位图		
简述头部按摩操作步骤			
实训用具			
服务用语关键词			
训练小结			
顾客评价	满意 □ 不满意 □	教师评价	合格 □ 不合格 □

◆ **任务测评**

任务二　头部按摩测评表

评价标准	分值/分	学生自评	学生互评	教师评定
能按顺序进行按摩操作	30			
动作手法规范，两手配合默契，节奏均匀，力度适中	20			
按摩手法运用得当，穴位点按准确，可达到持久、有力、均匀以及柔和的手法要求	30			
顾客感觉轻松、舒适	20			
总分	100			

◆ **学习反思**

1.按摩的作用是什么？

2.头部主要穴位及相关功能是什么？

3.头部按摩的操作流程和方法有哪些？

4.按摩时有哪些注意事项？

◆ 项目评价

项目二	洗、护发与按摩基础操作	日期	
姓名		班级		指导教师	

项目评价表

评价类型	评价环节	评价指标	分值/分	自评	互评	师评
过程性评价	专业知识与技能	知识的理解和掌握	10			
		知识的综合应用能力	10			
		任务准备与实施能力	20			
		动手操作能力	20			
	职业素养	项目实践过程中体现的职业精神和职业规范	5			
		项目实践过程中体现的职业品格和行为习惯	5			
		项目实践过程中体现的独立学习能力、工作能力与协作能力	5			
终结性评价	项目成果	项目完成情况（目标达成度）	5			
		项目质量达标情况	20			
得分汇总						
学习总结与反思						
教师评语						

项目总结

　　本项目根据行业需求，从洗发、护发和按摩同时着手训练，主要掌握洗发、护发的操作流程及按摩流程。以服务顾客为宗旨，提高服务意识，给顾客营造舒适、放松的体验环境，通过反复练习技能，来提高整体的服务水平。

项目三
吹风造型基础操作

【项目简介】

  学习吹风技巧必须了解发型的纹理、流向、外轮廓。吹发的目的就是改变发型的外轮廓，改变发型的风格，改变头发的力学，改善脸型的不足，改善头型的不足，改善发质的不足。发型造型是美发操作和造型技术的集中表现，需要有较高的技术水平和一定的艺术修养，吹风是以梳理为主，其目的是整理线条、块面，使其顺畅，调整线条的弹力流向和弧度，修理轮廓的松紧高低、虚实和发尾的动势。

  本项目精选最新、最科学的吹发手法，实景示范拍摄，附微视频。

【参考学时】

  本项目包含3个任务，分别为任务一吹风基础操作（6学时），任务二女士吹风造型（10学时），任务三男士吹风造型（10学时）。学习本项目预计需要26个参考学时。

【知识目标】

  1.了解吹发设备、工具的性能；

  2.了解吹风机使用技巧，能正确使用吹风机进行操作，清楚安全注意事项。

【技能目标】

  1.具备规范的吹发操作技术；

  2.能熟练完成直发、平卷、竖卷吹风造型；

  3.能熟练完成无缝与平头吹风造型；

  4.能按照顾客的需求和意愿进行吹风造型操作。

【素养目标】

  1.通过正确使用吹风机完成造型操作，形成规范工作的意识，增强安全意识；

  2.通过掌握的吹风机技巧完成不同的造型任务，树立敬业精神与服务意识，提高实践创新能力。

［任务一］

吹风基础操作

◆ **任务介绍**

　　吹风造型是洗发、剪发的必要操作，在使用吹风机之前我们必须了解吹发设备与工具的性能以及类别，避免在操作时遇到吹风使用的安全问题。掌握吹风机正确的使用方法和吹发技巧，并熟悉吹发操作的安全注意事项，才能更好地服务顾客。

◆ **任务准备**

　　1.工具准备：吹风机、排骨梳、大板梳、九排梳、大齿梳、钢丝梳、圆毛梳；
　　2.卫生消毒：酒精喷雾、酒精消毒棉。

◆ **学习园地**

一、吹风的设备与工具认识

1.吹风机

　　①有声风机如图3-1所示，无声风机如图3-2所示，它们是吹风造型必备工具，可以打造出蓬松、饱满、富有动感的发型。
　　②聚力风嘴，散开风罩。

图3-1　有声风机　　　　　　　　图3-2　无声风机

2.梳子

梳子有九排梳、大板梳、钢丝梳、圆滚毛卷梳、排骨梳等。
　　①九排梳：可使头发有凝结度和纹理性，如图3-3所示。
　　②大板梳：用于吹直，吹蓬松，可以快速梳开头发，如图3-4所示。
　　③钢丝梳：用于调整大花纹理，是梳大波浪的重要工具，空心卷做出来的大波浪用钢丝梳梳理会有光泽和弹性，如图3-5所示。

图3-3　九排梳

图3-4　大板梳

图3-5　钢丝梳

④圆滚毛卷梳：用于吹大波浪，是吹翻翘的重要工具。圆滚毛卷梳能使头发更有卷曲度，可以调整头发的弹力，如图3-6所示。

⑤排骨梳：多用于吹线条及短发，可吹出一种粗犷的线条，还可使发根站立、蓬松。排骨梳有长短齿，接触头发面积小，是吹发最基本的工具，如图3-7所示。

图3-6　圆滚棕毛卷发梳

图3-7　排骨梳

二、吹风机原理

吹风与物理：通过电动机带动风翼将电热丝所发的热气从吹风口吹出，其功率大，风力强。有多挡温度及控制装置，并有冷、热风可以调节，同时可换上扁形或喇叭形风口，用于风力的集中或分散。头发加热后不断运用冷风定型使头发提高弹性和质感。

吹风原理：利用热风改变毛发的氢键、盐键、氨基键和二硫化物键，通过掌控温度、张力（拉紧）和压力这3个元素达到最理想的造型效果。

三、吹风的作用

顾客会因洗发后头发湿漉而感到不舒服，吹风能使头发很快干爽；吹风配合梳理能使凌乱的头发变得整齐有质感，并可根据脸型和身材打造出各种不同的风格；吹风能调整技术上的某种缺陷，也能弥补头型上的缺陷。一般做造型时，细软发质吹到五至六成干；粗硬发质吹到七至八成干。

吹风造型的目的：弥补头型和脸型的不足，改变发型风格，改善头发的力度和外结构。

吹风造型三要素：发质的好坏直接影响造型保持的时间长短，头发的流向，影响发质提升的角度和时间，张力的掌控影响头发的光泽和弹性。

吹风造型三种力度：拉力带出头发的光泽和张力，压力保持发根的弧度和活力，热力起软化作用（时间掌握不好会影响头发的光泽和弹性），不同的划分发片，呈现不同的效果。

四、吹风造型的基本动作

吹风造型的基本动作及操作方法见表3-1。

表3-1　吹风造型的基本动作及操作方法

动作	视图	操作方法
正常吹	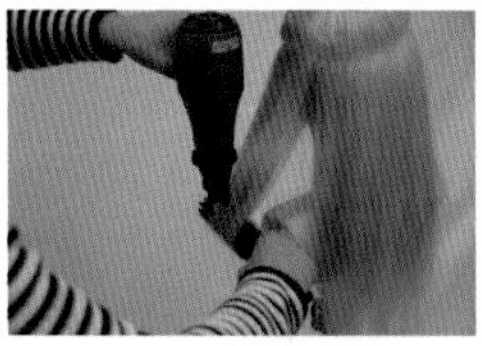 图3-8　正常吹	梳子直接从底部向下带半圈，拉紧发片，如图3-8所示
别吹	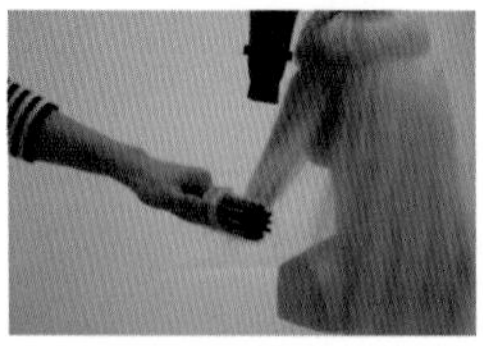 图3-9　别吹	为把头发吹成微弯的效果，把梳子插在头发内，梳齿沿头皮向下移动，使发杆向内倾斜，操作时在手腕的带动下，将发杆微微别弯，梳子不动，吹风口对着梳齿吹，使发梢贴向头皮，以增加头发的弹性，如图3-9所示
挑吹	 图3-10　挑吹	用梳子挑起一片头发向上提拉，使头发成弧形，吹风口对着梳齿送风，将头发吹成微微隆起的形状。操作时，先将梳齿自上而下插入头发内，使梳齿向外，配合吹风，梳子微向上提拉，使梳齿内头发弯成半圆弧状，如图3-10所示
形吹	 图3-11　形吹	大拇指放在梳耳（不是梳柄）处，用于调整流向。梳齿朝下，大拇指按住发片，拉紧、拉直发片，可以吹出细腻的线条，如图3-11所示
压吹	 图3-12　压吹	压吹的作用是使头发平服，将梳齿插入头发内，用梳背把头发压住，使热风从齿缝透进头发，从而将头发吹平服。该动作主要用于控制发根的高低或为发根定位，如图3-12所示
推吹	 图3-13　推吹	推吹的作用是使部分头发往下凹陷，形成一道道波纹。方法是，先将梳齿向前或向后斜插入顶部头发内，然后用梳子别住头发向前推。该动作多用于吹比较正式的发型，主要用于调整流向和改变发根方向，如图3-13所示
提吹	 图3-14　提吹	头发随着梳子向上带半圈，如图3-14所示

动作	视图	操作方法
翻吹	 图3-15 翻吹	翻吹的作用是使发梢外翻，形成翻翘。方法是，用梳子向外翻带头发，正对梳面送风，用于吹顶部和两侧的头发，如图3-15所示
内拉翻吹	 图3-16 内拉翻吹	主要用于吹出内扣效果，如图3-16所示
转吹	 图3-17 转吹	主要用于吹发尾或短发发干，使头发产生自然弯曲的效果，如图3-17所示
滚吹	 图3-18 滚吹	作用是使发丝有光泽、蓬松。方法是，吹风时用排骨梳或滚刷带住头发向内滚动，使发梢自然向内扣，如图3-18所示
刷吹	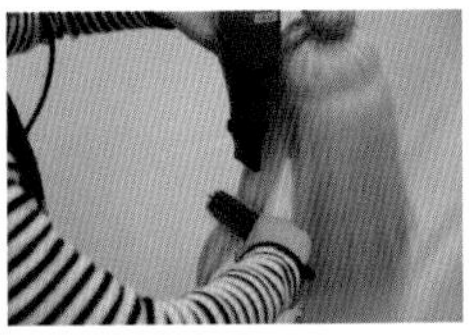 图3-19 刷吹	刷吹的作用是使发丝流畅、成为一体，避免有断面凹陷。方法是，用九排刷按发型要求和发丝流向梳通、梳透，如图3-19所示
翻转吹	 图3-20 翻转吹	将梳齿插入头发，头发随着梳子的转动从发尾卷至发根。主要用于长发发根取发或增加发根的支撑力，以及短发发根取发和提升发根角度，如图3-20所示
外拉翻吹	 图3-21 外拉翻吹	用于发尾，要吹出发尾外翘效果，如图3-21所示
卷吹	 图3-22 卷吹	主要用于打造卷曲的波浪纹理，如图3-22所示

五、吹风造型的动作要领

1.压

压的作用是使头发平服，要将梳齿插入头发内，用梳背把头发压住，使吹的热风从齿缝透进头发，而将其吹平服。

2.别

别是为了把头发吹成微弯的效果。把梳子斜插在头发内，梳齿沿头皮向下移动，使发杆向内倾斜，操作时在手腕的带动下，将发杆微微别弯，梳子不动，吹风口对着梳齿吹，使发梢贴向头皮，增加头发弹性。一般用于头缝处小边部分或顶部轮廓周围的发梢部分。

3.挑

挑是用梳子挑起一片头发向上提拉，使头发呈弧形，吹风口对着梳齿送风，将其吹成微微隆起的形状。操作时先将梳齿自上而下插入头发内，使梳齿向外，配合吹风，梳子微向上提，使梳齿内头发弯成半圆弧状，这种手法会使头发蓬松，发根站立，发杆弯曲且富有弹性，主要用于头顶部分。

4.推

推是梳齿插入头发内并压住头发，向前做平线或斜线的推动，使部分头发往下凹陷，形成一道道波纹。

5.拉

拉是梳子沿着头发生长的方向移动，梳顺头发。

6.提

提是头发随着梳子向上带半圈张力。

7.翻转

翻转是梳齿插入头发内，头发随着梳子的转动从发尾卷至发根。

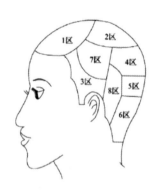

图3-23　吹风造型区域图

六、吹风造型区域分解

吹风造型区域如图3-23所示。
①1区：前额部位打造与修饰脸型的大小。
②2区：蓬松感、空气感、流向感、动感和顶部造型调整部分。
③3区：修饰颧骨与颌骨打造脸部轮廓形态。
④4区：造型与圆润感的调整，发式表面的形态部分。
⑤5区：后部量感的调整及形态的打造部分。
⑥6区：后部外轮廓线及厚重的部分，以及后部外轮廓线的质感、动感部分的调整区。
⑦7区：调整头盖骨的发量部分。
⑧8区：短发塑造轮廓线部分，长发披肩部分。
注：4区起到支撑2区的作用。

七、吹风造型的十大重点

1.自然（头发吹至九成干）

①顺着头发自然生长的方向吹。

②不施加任何力度。

2.方向

①注意手法方向。
②注意站位方向。
③注意发片直拉方向。
④注意吹风口出风摆位方向。

3.风向

风向必须配合所要的效果，顺着手拉和梳子摆位的方向吹，因为手位和梳子的摆位决定风向的摆位。

4.时间

①按造型要求需要加热的时间。
②按头发发质需要加热的时间。
③局部送风定位加热的时间。
④加热后冷风定型的时间。

5.距离

①注意角度提升的距离。
②注意吹风嘴和头发接触面的距离。
③注意站位的距离。
④注意吹风嘴与头皮的距离。

6.力度

①重力：是指头发本身的重力。
②支撑力：是指发根的支撑力和发尾的支撑力。
③压力：是指头发本身的重量制造的压力。
④人力：是指造型过程中施加的人力、拉力。
⑤发片的结构力：是指发片吹风成形后产生的力。
⑥风力：是指吹风机吹出的力。

7.位置

①定点：把所有头发移动到同一个点或面吹风。
②移动：按造型需要把发片移动到不同位置吹风。

8.提升

不同角度的提升会产生不同的层次纹理。高角度纹理细腻，层次面大；低角度纹理堆积，层次面小。提升又分为手位提升、发片提升、梳子提升三种。

9.发根、发中、发尾的变化

①发根：打造支撑力和固定力。
②发中：打造支撑力和丰富的层次。
③发尾：发尾的所有结构决定整体造型的效果。

10.发型的构成

①发型的概念。由线条形成结构，外斜外卷，外斜内卷，内斜内卷，内斜外卷，垂直内卷，垂直外卷。

②发型的形成。

a.发片的基本结构到发片的构成，形成发型的整体结构。

b.发片的结构形成后采用人力造型整理完成。

◆ 任务实施

吹风造型基本功练习

1.道具模拟

取15根橡皮筋分别连接好，准备一瓶矿泉水，用橡皮筋将梳子龙骨的手柄上端与矿泉水瓶连在一起，如图3-24所示。

图3-24　道具模拟

右手食指抵住龙骨头部，双手手臂平行肩部向前伸展，开始转动梳子，将橡皮筋整个缠绕到梳子上，然后向反方向转动，直到橡皮筋完全放松，矿泉水瓶回到原位为止；反复演练，直到练得收放自如，如图3-25所示。

图3-25　基本功练习

此举是为了保证梳子的平衡和力度，基本功特别重要。

2.站位演练

①右脚向前跨半步，左脚伸直，身子前倾形成弓箭步，如图3-26所示。

②右手握住吹风机，左手握住梳子，将吹风机连线置于手臂内侧，如图3-27所示。（电吹风线不宜触碰到顾客面部）

图3-26　吹风站姿

图3-27　吹风手势

③握吹风机时，尽量握到出风口处，大拇指、中指、小指握住吹风机，食指在上掌握吹风机的平衡，如图3-28所示。

图3-28　握吹风机手势

④不可整个手掌握住吹风机，以免因接触面积太大而烫手，如图3-29所示。

图3-29　不可手掌握吹风机

⑤吹风造型时也可直接握住吹风机手柄进行操作，便于外旋等操作，如图3-30所示。

⑥在吹风过程中，要注意站位的变化，身体应随吹风面的变化而移动，如图3-31所示。

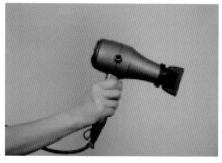 

图3-30　握吹风机手柄

 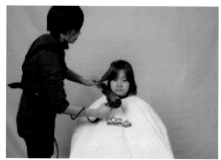

图3-31　站位的变化

🔍 小贴士

吹风操作的安全注意事项：

①购买时选择正规渠道和知名品牌的吹风机，购买有过热保护的产品。

②使用吹风机时，人不能离开，更不能将吹风机放在易燃易爆物品上，如凳子、沙发、床垫等。养成使用后立即断电的习惯，尤其是在临时停电的情况下。

③要先接通电源而后打开开关。这样做的好处是，可延长电机使用寿命，避免因突然高温而损坏电机。若是使用中途有间歇的话，应先暂时关闭开关。

④须轻拿轻放，不要随意晃动，不要频繁更换挡位；不能距离头发、头皮太近，也不能一直吹一个地方。

⑤使用吹风机的过程中，若出现异常现象，如闻到异味、听到杂声、突然停止工作等，都应及时关掉开关，切断电源，待查明原因、检修正常后方可使用。

⑥不要在浴室和有水源的地方使用吹风机，也不要在高温下和有易燃物的地方使用吹风机。使用时双手保持干燥，每次使用吹风机的时间不能过长，以免温度过高缩短电机使用寿命。

⑦吹风机若长时间未使用，再次使用时，先通一会儿电，待检查运行正常后，再行使用。

⑧发刷的握法要多加练习，使双手均能灵活地使用。

⑨服务时应注意观察顾客的情况，确保吹风机吹出的热风不会烫到顾客。

◆ 实战训练

项目三	吹风造型基础操作	任务一	吹风基础操作	
姓名		班级		指导教师	

任务单

日期		小组名称	
任务名称			
操作场景			
吹风基本功 练习重点			
实训用具			
服务用语关键词			
训练小结			
顾客评价	满意 □　　不满意 □	教师评价	合格 □　　不合格 □

◆ **任务测评**

任务一 吹风基础操作测评表

评价标准	分值/分	学生自评	学生互评	教师评定
能正确认识吹风机,熟记吹风机使用方法	30			
动作手法规范,两手配合默契,工具选用正确	20			
吹风温度适宜	30			
顾客感觉轻松、舒适	20			
总分	100			

◆ **学习反思**

1.吹发的作用是什么?

2.练习基本功有哪些要点?

3.简述练习基本功后的感受。

[任务二]

NO.2

女士吹风造型

◆ **任务介绍**

　　吹风造型是与梳理发式结合进行的，因此吹风离不开梳子的配合。操作时，一手拿梳子，一手拿吹风，可根据要求，左、右手轮换使用。掌握吹风造型的基本吹法，可为实习发型师夯实基础。

◆ **任务准备**

　　1.工具准备：吹风机、排骨梳、大板梳、九排梳、大齿梳、钢丝梳、圆毛滚梳和鸭嘴夹；
　　2.卫生消毒：酒精喷雾、酒精消毒棉。

◆ **学习园地**

　　一、吹风造型的基本吹法

　　吹风造型的基本吹法及操作方法见表3-2。

表3-2　吹风造型的基本吹法及操作方法

基本吹发	图示	操作方法
内斜外卷	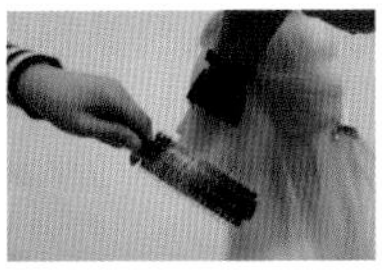 图3-32　内斜外卷	发根收紧，发杆、发梢纹理向前，有立体感，如图3-32所示
外斜内卷	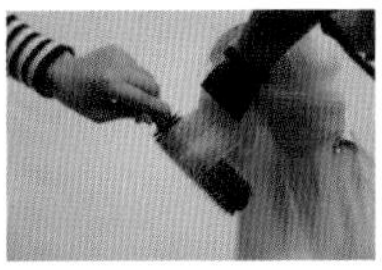 图3-33　外斜内卷	发根蓬松，发杆、发梢纹理向前，如图3-33所示
外斜外卷	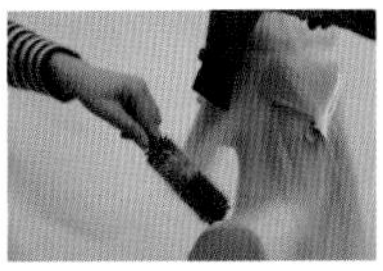 图3-34　外斜外卷	发根收紧，发杆、发梢纹理向后，比较有立体感，如图3-34所示

续表

基本吹发	图示	操作方法
垂直内卷	图3-35 垂直内卷	梳子垂直于分线，发根、发梢向下，发尾纹理向前，重量向下，如图3-35所示
垂直外卷	图3-36 垂直外卷	进梳垂直于分线，向后包卷，发根、发梢向下，发尾纹理向后，重量向下，如图3-36所示
平卷	图3-37 平卷	水平划分发片，进梳往里包卷，发根、发梢、发尾纹理向内包卷，如图3-37所示
"C"形平卷	图3-38 "C"形平卷	水平进梳，慢慢转变为垂直，发根、发中、发尾纹理向前，如图3-38所示

二、吹风造型基础效果

1.饱满向前

图3-39 饱满向前的最终效果

饱满向前的最终效果如图3-39所示，具体操作方法如下：

①发片吹顺后45°提拉（可根据需要调整角度），如图3-40（a）所示；

②滚梳内斜45°，从发片下面进梳，如图3-40（b）所示；

③带紧张力，吹风口与发片成30°加热，如图3-40（c）所示；

④吹风口配合滚刷，将发尾送至内侧（吹风口与发片的角度保持30°不变），转动滚梳从发杆卷到发尾，根据需要的卷度调整发卷的圈数与滚梳的角度，如图3-40（d）所示。

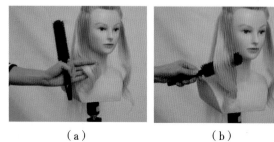
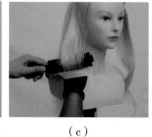

（a）　　　　　　　　（b）　　　　　　　　（c）　　　　　　　　（d）

图3-40 饱满向前的操作方法

2.饱满向后

饱满向后的最终效果如图3-41所示，具体操作方法如下：

①发片吹顺后75°提拉（可根据需要的落差调整角度），如图3-42（a）所示；

②滚梳内斜45°，从发片下面进梳，如图3-42（b）所示；

③滚梳与发片带紧张力，吹风口和发片成30°，如图3-42（c）所示；

④吹风口配合滚梳将发尾送至内侧（吹风口与发片的角度保持30°不变），转动滚梳从发杆卷到发尾，根据需要的卷度调整发卷的圈数与滚梳的角度，如图3-42（d）所示。

图3-41　饱满向后最终效果

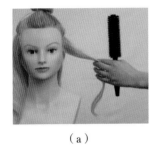 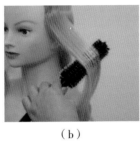 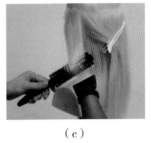 

（a）　　　　　　　　　（b）　　　　　　　　　（c）　　　　　　　　　（d）

图3-42　饱满向后的操作方法

3.向内平卷

向内平卷的最终效果如图3-43所示，具体操作方法如下：

①发片吹顺90°提拉（可根据需要的落差调整角度），如图3-44（a）所示；

②滚梳平行于发片，从发片下面进梳，如图3-44（b）所示；

③带紧张力，吹风口与发片成30°加热，转动滚梳，如图3-44（c）所示；

④吹风口配合滚梳将发尾送至内侧，转动滚梳从发杆卷到发尾，根据需要的卷度调整发卷的圈数与滚梳的角度，如图3-44（d）所示。

图3-43　向内平卷最终效果

 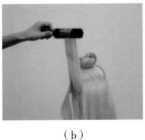  

（a）　　　　　　　　　（b）　　　　　　　　　（c）　　　　　　　　　（d）

图3-44　向内平卷的操作方法

4.发根蓬松

发根蓬松的最终效果如图3-45所示，具体操作方法如下：

①发片梳顺后，垂直头皮提拉，如图3-46（a）所示；

②滚梳平行发片进梳，尽量接近发根，如图3-46（b）所示；

③带紧张力，吹风口垂直发片加热，如图3-46（c）所示；

④吹风口与发片的角度保持不变，加热发片的上面，同时滚梳向上提拉

图3-45　发根蓬松的最终效果

滑行，如图3-46（d）所示。

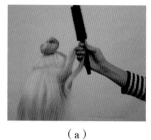

（a）　　　　　　　（b）　　　　　　　（c）　　　　　　　（d）

图3-46　发根蓬松的操作方法

5.收紧向前

收紧向前的最终效果如图3-47所示，具体操作方法如下：

①发片吹顺后，低角度提拉，如图3-48（a）所示；

②滚梳平行发片，在发片上面进梳，如图3-48（b）所示；

③带紧张力，滚梳略微斜摆，吹风口与发片成30°加热，如图3-48（c）所示；

④吹风口配合滚梳将发尾送至滚梳内侧，转动滚梳，从发杆卷至发尾，根据需要的卷度调整发卷的圈数与滚梳的角度，如图3-48（d）所示。

图3-47　收紧向前的最终效果

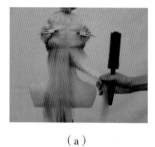

（a）　　　　　　　（b）　　　　　　　（c）　　　　　　　（d）

图3-48　收紧向前的操作方法

6.收紧向后

收紧向后的最终效果如图3-49所示，具体操作方法如下：

①发片吹顺后，低于90°提拉，如图3-50（a）所示；

②滚梳外斜45°，在发片上面进梳，如图3-50（b）所示；

③带紧张力，吹风口与发片呈30°加热，如图3-50（c）所示；

④吹风口配合滚梳将发尾送至滚梳内侧，转动滚梳向下滑行，根据需要的卷度调整发卷的圈数与滚梳的角度，如图3-50（d）所示。

图3-49　收紧向后的最终效果

（a）　　　　　　　（b）　　　　　　　（c）　　　　　　　（d）

图3-50　收紧向后的操作方法

◆ **任务实施**

女士吹风造型

女士吹风造型

1.直发吹风造型步骤

①头发分出左右两区，如图3-51所示；再进行分层，如图3-52所示。

图3-51　左右分区　　　　　　　　　　　图3-52　分层

②用滚梳和风筒将下层头发吹直，吹的过程中不停地转动梳子，风筒与梳子保持0°角同方向，如图3-53所示。

③一缕头发最多吹3次，超过3次头发会变得毛糙，因此尽量保持3次以内，如图3-54所示。

④依次吹好即可完成，如图3-55所示。

图3-53　风筒与滚梳　　　　图3-54　吹风效果　　　　图3-55　直发吹风效果

2.平卷吹风造型步骤

①头发吹顺后分成左右两区，再将每一层头发分成两份，将一片头发90°提拉，如图3-56所示。（可根据需要的落差调整角度）

②滚梳平行发片，从发片的下面进梳，如图3-57所示。

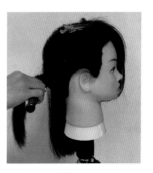

图3-56　左右分区　　　　　　　图3-57　滚梳平行发片

③带紧张力，吹风口与发片保持30°角加热，转动滚梳，如图3-58所示。

④吹风口配合滚梳将发尾送至内侧，转动滚梳从发杆卷到发尾，根据需要的卷度调整发卷的圈数与滚梳的角度，如图3-59所示。

图3-58　吹风口与发片保持30°角　　　　　　　图3-59　转动滚梳

3.竖卷吹风造型步骤

①头发吹顺后，分成上、中、下3个区，再从下区左右分出1个发片，如图3-60所示。

②站在头模右边，梳子放在左边，即该发片的左侧，进行吹卷，滚梳与地面垂直，如图3-61所示。

图3-60　下区分出发片　　　　　　　　　图3-61　吹卷

③从发尾处开始，向上滚动滚梳，吹风机与滚梳45°送风，加热，再用吹风机尾风冷却，如图3-62所示。

④重复一次，冷却完成后，使用滚梳绕着拆卷，不要使劲拉出头发，再用吹风机尾部进行一次冷却即可，如图3-63所示。

⑤另一边反向操作即可完成，如图3-64所示。

图3-62　冷却操作　　　　　　图3-63　再次冷却　　　　　　图3-64　反向操作

 小贴士

①不要逆发而吹。

②吹风要分层。

③风力要有变化。

④要随时调整热度。

⑤要形成流动风。

⑥吹风前，可先涂抹啫喱水、发胶、发蜡等定型、护发产品。

⑦细软发质吹到五至六成干；粗硬发质吹到七至八成干。

◆ 实战训练

项目三	吹风造型基础操作	任务二	女士吹风造型
姓名		班级		指导教师	

任务单

日期		小组名称	
任务名称			
操作场景			
女士吹风造型平卷、竖卷的吹风要点			
女士平卷吹风造型操作步骤			
实训用具			
服务用语关键词			
训练小结			
顾客评价	满意 ☐ 不满意 ☐	教师评价	合格 ☐ 不合格 ☐

◆ 任务测评

任务二　女士吹风造型测评表

评价标准	分值/分	学生自评	学生互评	教师评定
能按顺序进行吹风操作	30			
动作手法规范，两手配合默契	20			
吹风手法运用得当，动作熟练	30			
顾客感觉轻松、舒适	20			
总分	100			

◆ 学习反思

1.吹风造型有哪些基本动作？你掌握了哪几种？

2.说说你对吹风造型的理解，吹风造型还有哪些技巧？

3.执行操作任务时，你遇到了什么困难？

［任务三］
男士吹风造型

◆ 任务介绍

　　男士吹风造型与女士吹风造型不同，男士大多为短发造型，且脸部轮廓较为硬朗。男士发型除了考虑头发的长短外，还要看其与脸型、头型是否相称，是否能掩盖脸部缺陷。男士吹风造型大多可利用造型产品辅助完成，可把头发吹成型，成型后头发富有弹力、光泽和质感等。

◆ 任务准备

　　1.工具准备：吹风机、排骨梳、九排梳、大齿梳和无痕夹；
　　2.卫生消毒：酒精喷雾、酒精消毒棉。

◆ 学习园地

一、男士剪发工具的认识

①电推剪：通过电力推动刀齿板进行剪发的工具，是剪男式发型的主要工具，如图3-65所示。
②推梳：配合电推子使用，修剪头发，如图3-66所示。
③碎发刷：清理剪后的小碎发，如图3-67所示。

图3-65　电推剪　　　　　　图3-66　推梳　　　　　　图3-67　碎发刷

二、电推剪的持法

①先将右手拇指轻放在电推剪手柄正面靠前的位置，拇指与电推剪呈45°。
②再将其余四指放在电推剪手柄背面靠后的位置，并轻微散开握住电推剪。
③最后在梳子的配合下，运用手部及肘部力量逐步推剪。推剪时，电推剪刀齿底部要与梳子平行，并轻微贴在梳子上进行移动。

三、推剪方式

1.满推

右手持电推剪，左手持梳子，电推剪的刀齿平贴梳子表面，腕部保持不动，肘部轻轻向前或向后进行推剪。满推适用于修剪两鬓（图3-68）、后脑及短发顶部头发。

图3-68　男士修剪

2.半推

仅使用电推剪的一半刀齿，变动腕部方向，使刀齿的左边或右边斜贴梳子进行推剪。半推适用于修剪耳后头发。

3.反推

手握电推剪的姿势保持不变，掌心向外进行推剪。反推适用于修剪后颈部自下而上生长的头发及耳后发际线处的头发。

◆ 任务实施

男士无缝吹风造型

男士吹发造型

①首先把头发吹至五六成干，如图3-69所示。

②吹至五六成干后，从右侧开始，一层一层吹，如图3-70所示。

图3-69　吹发　　　　　　　　　　　　图3-70　从右侧开始吹发

③吹发时一定要注意，往前别刷、压刷，逐层吹，如图3-71所示。

④要掌握好吹风机与梳子的配合，注意使发根站立，发杆打弯，发梢往上，发根发杆往前拉、往下拉，如图3-72所示。

图3-71　逐层吹发　　　　　　　　　　图3-72　吹风机与梳子

⑤吹边时要收紧，如图3-73所示。

⑥右侧吹完之后吹左侧，同样一层一层、一片一片地吹。注意排骨梳要提起，尤其是在骨梁区这个位置，使发根站立，吹成"7"字形。注意后面的梳子要抬平，使后部饱满，如图3-74所示。

图3-73 收紧吹边 　　　　图3-74 左侧吹风

⑦发根要向前连续带连续拉，发杆要呈弧线，发梢要向后，如图3-75所示。

⑧注意吹风的热度，要使刘海向前探，风不要太大，如图3-76所示。

图3-75 发根与发杆吹风 　　　　图3-76 吹刘海

⑨进行基本吹发后，再梳理一下，如图3-77所示。

⑩最后使用造型产品，梳理定型，完成作品，如图3-78所示。

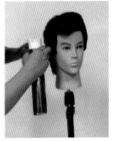

图3-77 梳理 　　　　图3-78 定型

⑪最终效果，发型呈现方圆之感，如图3-79所示。

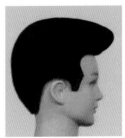

图3-79 吹风效果

小贴士

1.吹风机吹发时，一次不要吹过长时间。

2.用热风吹过之后，适当利用冷风冷却。

3.吹风机离头发不要太近。

4.吹发时，吹风机与头发所形成的角度越小越好。

5.吹风前，适当给头发抹上保护膜之类的护发产品。

6.吹风时，发片角度拉高，吹出来的发型就比较松散一些，当发片角度拉低时，吹出来的型就比较紧固，不易散。

◆ 实战训练

项目三	吹风造型基础操作		任务三	男士吹风造型
姓名		班级	指导教师	

任务单

日期			小组名称	
任务名称				
操作场景				
男士无缝吹风造型操作要点				
实训用具				
服务用语关键词				
训练小结				
顾客评价	满意 □　不满意 □		教师评价	合格 □　不合格 □

◆ 任务测评

任务三 男士吹风造型测评表

评价标准	分值/分	学生自评	学生互评	教师评定
能按顺序进行吹风操作	30			
动作手法规范，两手配合默契	20			
吹风手法运用得当，动作熟练	30			
顾客感觉轻松、舒适	20			
总分	100			

◆ 学习反思

1.男士吹风造型的步骤是什么？

2.男士吹风造型为什么容易起静电？

3.简述男士头发吹不出光泽的原因。

◆ 项目评价

项目三		吹风造型基础操作		日期	
姓名		班级		指导教师	

项目评价表

评价类型	评价环节	评价指标	分值/分	自评	互评	师评
过程性评价	专业知识与技能	知识的理解和掌握	10			
		知识的综合应用能力	10			
		任务准备与实施能力	20			
		动手操作能力	20			
	职业素养	项目实践过程中体现的职业精神和职业规范	5			
		项目实践过程中体现的职业品格和行为习惯	5			
		项目实践过程中体现的独立学习能力、工作能力与协作能力	5			
终结性评价	项目成果	项目完成情况（目标达成度）	5			
		项目质量达标情况	20			
		得分汇总				
学习总结与反思						
教师评语						

项目总结

　　本项目在女士吹风造型中，能够运用吹风造型的基本方法，进行直发和卷吹造型。当然，头发的光泽度和质感还有待提升。男士无缝吹风造型有较强的技术性，发式能否成型，能否符合发型设计要求，能否持久，都离不开吹风与梳子的配合，吹风温度的掌握，以及头发拉力的控制，还有梳理技巧的工序掌握等，需要通过练习增加熟练度来控制头发的质感。

项目四
发型设计基础操作

【项目简介】

　　发型艺术如同雕塑、建筑等造型艺术一样，是立体的空间造型艺术，也是可视性很强的视觉艺术。在发型艺术上，除了强调女性的温柔、甜美，男性的阳刚、硬朗之外，21世纪主要还在于展现个性特质（高贵典雅、温婉浪漫、粗犷豪放、柔美细腻、时尚醒目、传统经典等）。发型的设计与制作是按照发型师和顾客的审美，综合运用形式美的规律和造型艺术技巧，并结合实践创作经验，对头发进行艺术美的创作。

　　好的发型作品应该是在头发自然美的基础上增添艺术美，起到装饰人形体，提振人精神的作用。本项目精选最新、最科学的男士、女士发型修剪手法，实景示范拍摄，附微视频。

【参考学时】

　　本项目包含3个任务，分别为任务一发型设计概念（6学时）、任务二女士基本发型修剪（14学时）、任务三男士基本发型修剪（14学时）。学习本项目总计需要34个参考学时。

【知识目标】

　　1.了解发型设计工具的性能及分类；

　　2.掌握发型设计工具的使用方法；

　　3.熟知标准脸型的几种常见脸型特征；

　　4.掌握男士基本发型的三部三线；

　　5.列举女士发型设计风格。

【技能目标】

　　1.能根据不同脸型设计出适合的发型；

　　2.能运用男士发型设计方法完成男士发型的修剪；

　　3.能运用女士发型设计方法完成女士发型方形、圆形及三角形的修剪。

【素养目标】

　　1.通过掌握的基本发式修剪方法，完成发型的修剪，形成主动、专业的服务意识，树立精益求精的工作精神；

　　2.通过设计不同风格的发型，提升解决问题的能力，提升审美能力和创作能力。

[任务一]
发型设计概念

◆ 任务介绍

　　剪发设计最终表达于三维空间中，发型师剪裁作品的基础，依赖于空间的基本要素和设计的基本法则，而这些要素和法则也是打造发型的基础和依据。老师在讲解过程中应将这些纯理论的内容延伸并运用在发型修剪上。本任务的目标是，了解发型设计工具性能及分类，并熟练地掌握发型设计工具的使用方法。对于美发师来说，必须了解发型与脸型的设计理念，发型设计的分类及特点，风格定位等内容。

◆ 任务准备

　　1.剪发工具：削刀、电推剪、剪刀（断剪）、牙剪；
　　2.辅助工具：推梳、裁发梳、分区夹、喷水壶、围布；
　　3.消毒工具：酒精喷雾、酒精棉、镊子等。

◆ 学习园地

　　一、发型设计工具的认识

　　1.剪裁工具

　　①剪刀：剪发的主要专用工具；根据材料的不同，有半钢、全钢之别；有两片刀刃，一片为动片，一片为静片，如图4-1所示。使用时，拇指套进动片指环，无名指套进静片指环，小指自然弯曲，仅用拇指的摆动带动动片，其余四指不动。剪刀有多种规格，小剪刀长约120毫米，大剪刀长约180毫米，最大的长约200毫米。大剪刀切断面较大，适合剪较多、较粗的头发，中小型剪刀适用于较细或较短的头发，精细修剪可用小型剪刀。

　　②削刀：以刀代剪，削出的头发既有层次，又有型，还能将头发削薄，如图4-2所示。

　　③牙剪（锯齿剪）：因其静片刀刃呈锯齿状，剪后头发长短不齐，能将头发削薄或剪出层次。牙剪的用法同剪刀一样，操作时注意牙剪的角度、位置和发量，如图4-3所示。

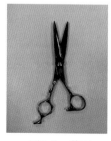　图4-1　剪刀　　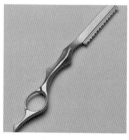　图4-2　削刀　　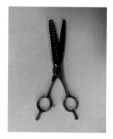　图4-3　牙剪

2.辅助工具

①剪发梳(双面梳)：一边粗齿，用来分发线；一边细齿，用来修剪头发，如图4-4所示。

②无痕鸭嘴夹：用于暂时固定头发，如图4-5所示。

③喷水壶：用于打湿头发，如图4-6所示。

图4-4　剪发梳（单位：厘米）　　　图4-5　无痕鸭嘴夹　　　图4-6　喷水壶

二、发型设计工具使用

1.剪刀的使用

①拿剪刀时要注意，有螺母的一侧朝向自己，有小尾巴的一侧向上，这样拿起来比较顺手，如图4-7所示；

图4-7　剪刀的使用

②使用美发剪时应注意，先把拇指和无名指分别伸进两个指环圈内，无名指伸向有小尾巴的那一侧；

③手指放进剪刀指环圈时，拇指不要超过第一个关节，无名指不要超过第二个关节，便于灵活操作；

④握剪刀时，食指和中指分别按在剪刀前面两个凹槽上，小指自然搭在最后的小尾巴上；

⑤使用剪刀时，剪刀有两边刃，其中一侧为静刃，一侧为动刃，静刃在剪头发时是不动的，动刃上下摆动，剪断头发；

⑥美发师在操作时使用的器具比较多，在剪完头发后要收剪，剪刀尖逆时针转动，无名指仍然在指环圈内，大拇指出圈，然后用小指勾住，这样剪刀就无法张开，既安全又方便。

2.牙剪的使用

①在剪发过程中，牙剪是最常用的工具，用牙剪剪发比较容易将头发理顺，起打薄去量的作用，用起来比较方便快捷，能让理发师剪出更好的效果。

②剪发时以拇指和无名指为主，靠拇指活动，其他手指起着定位固定作用，如图4-8所示。

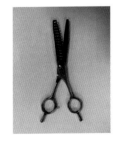

③牙剪最基本的作用是调整发量，打薄刘海。平剪修剪刘海后，其线条比较生硬，最好用牙剪打薄，刘海线条会更柔美好看。

④使用牙剪时，简单的方法是顺着头发的长向疏剪，不要打横剪，要竖着发向剪，或在发尖来个锯齿剪。

图4-8　牙剪的使用

⑤牙剪在剪发中有很多操作要领，理发师在剪发时，要先知道需要剪掉多少头发，然后将剪韧面置于所需剪去发量的一侧。

⑥在用牙剪打底时，要分清发梢、发中和发根，用牙剪打底时会用不同的方法剪发，分清牙剪进刀方向。

⑦开始剪发时容易有刀痕问题，操作牙剪时，随切口斜向进刀，同时直立剪刀发片，就可均匀剪发。

3.裁发梳的使用

①使用前要对梳子进行清洗，勿直接放在消毒柜内消毒，并要远离热源，避免在阳光下暴晒。

②用梳子梳理顾客头发时，一定要顺着头发自然生长的方向梳，动作力度要保持一致，不可按照自己的喜好，强行把顾客的头发梳到相反的方向。

③梳理时可以一手抓住发梢，以减小顾客头皮受力，减少掉发，也可减轻梳理时的疼痛。

④清洗梳子时，可先用刷子去除上面的头发污垢，再用少许洗发水清洗，最后用清水冲洗干净，如图4-9所示。

图4-9 裁发梳（单位：厘米）

三、女士发型设计

女士发型设计，一直以来都是在成为发型师之前必须要学习并掌握的。了解发型设计的分类及特点、发型设计风格定位，知道发型设计原理，明白层次结构与角度的关系，懂得发型与脸型的关系、点线面的构成规律，以及掌握女士发型设计的质量标准，是发型师必不可少的素养。

（一）发型设计原理

发型与脸型的关系如下：

①脸型是决定发型的最重要因素之一，发型具有可变性又可以修饰脸型的特点。前者是发型与脸型的协调配合，后者是利用发型来弥补脸型的缺陷。其方法有：

衬托法。利用两侧鬓发和头顶的部分块面，改变脸部轮廓，分散原来瘦长或宽胖的头型和脸型视觉。

遮盖法。利用头发组成合适的线条或块面，以掩盖头、面部的不协调及缺陷。

填充法。利用宽长波浪卷来填充细长头颈，还可借助发辫、发鬟来填补头、面部的不完美之处，或缀以头饰。

标准脸型有圆形脸型、方形脸型、长方形脸型、菱形脸型、正三角形脸型、倒三角形脸型等。

②特殊脸型的特征有短下巴、下巴突出、头太窄、额头太高等。接下来将一一分析。

长脸型。将头发留至下巴，留点刘海或两颊头发剪短一些都可以减小脸的长度，加强宽度感。也可将头发梳成饱满柔和的形状，使脸部有较圆润的感觉。总之，一般自然、蓬松的发型能给长脸人增加美感。

方脸型。头发宜向上梳，轮廓应蓬松些，不宜把头发压得太平整，耳前发区的头发要留得厚一些，但不宜太长。前额可适当留一些长发，但不宜过长。

圆脸型。这样的脸型常会显得孩子气，所以发型不妨设计得成熟一些，头发要分成两边而且要有一些波浪，才不会显得脸太圆。也可将头发侧分，较短的一边向内略遮一颊，较长的一边可自额顶做外翘的波浪，这样可"拉长"脸。这种脸型不宜留刘海。

椭圆脸型。这是女性中最完美的脸型，采用长发型和短发型都可以，但应注意，要尽可能把脸露出来，突出这种脸型协调的美感，而不宜用头发把脸遮盖过多。

（二）发型的基准点认识及作用

为了有秩序地染发，必须将头发进行分区。首先要在头部找准位置（即点的确定），然后以点为基准划分线条，继而通过不同角度配合呈现千变万化的面，所有的分区都是由上述点、线、面组合而成的。发型基准点的位置及名称如图4-10所示。发型基准点作用见表4-1。

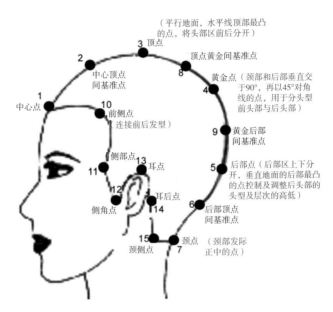

图4-10　发型基准点的位置及名称

表4-1　发型基准点作用

英文简称	中文名称	作用
C.P	中心点（又称美人间，过鼻尖垂直交于发际线的点，将头部左右分开）	平衡脸际左右
C.T.M.P	中心顶点间基点（与顶点的 1/2 处）	扩大或缩小划分区
T.P	顶点	区分顶部前后的发量
G.P	黄金点	区分前后部分
B.P	后部点	区分后头部上下位置
B.N.M.P	后部颈间基准点	后部点与预点之间1/2处
N.P	预点（位于后头部最低处，用于中心部控制后头部)	平衡颈背左右头发
T.G.M.P	顶点黄金间基准点	控制发型的层次比例
G.B.M.P	黄金后部间基准点	两点之间 1/2 处
F.S.P	前侧点	侧部水平与垂直的转折点
S.P	侧部点	修饰颧骨
S.C.P	侧角点	确定鬓角的长度
E.P	耳点	侧部发际最高的点
E.B.P	耳后点	侧部与后部的交点
N.S.P	颈侧点	确定外轮廓最凸的点

（三）女士不同脸型的发型设计

（1）鹅蛋脸（椭圆形脸）

如图4-11所示，椭圆的外形，脸宽约为脸长的一半，前额与下颌宽度大致相同。鹅蛋脸是公认的完美脸型。从额上发际到眉毛的水平间距约占整个脸的三分之一；从眉毛到鼻尖又占三分之一；从鼻尖到下巴的距离占三分之一。脸长约是脸宽的一倍半，额头宽于下巴，也有人称其为标准的鸭蛋型脸。

（2）圆脸

如图4-12所示，圆的外形，前额和下巴的距离约等于两侧脸颊之间的距离，也就是脸长大约等于脸宽。脸型短而有肉，宽度略短于长度，给人不成熟感，容易显胖。

适合的发型是两边削薄，挽到后脑勺，适当增加头顶头发的厚度。这样能让脸显得长一些，既增加稳重感，又不失甜美。

图4-11　鹅蛋脸　　　　　　　　　　图4-12　圆脸

（3）方形脸

①正方形脸。

如图4-13所示，脸型宽，且多角度。前额明显很宽，下颌宽又有角度，有非常明显的下颌轮廓及脸际线。方形脸又称国字脸，一般视觉印象为脸盘较大，脸部轮廓也呈扁平感。方形脸的人一般前额宽广，下巴颧骨突出，人显得较木讷。需从视觉上拉长脸型，并加强头顶蓬松度，可打造波浪式与波纹式超短发造型，或者波浪式长发造型等。

重点在于让脸部线条柔和，所以顶部头发一定要蓬松，以拉长脸型比例。如果要留刘海则采用侧分，分线从一边眉毛的中间往上斜分；如果是明显直的分线，则看起来就像把一个正方形剖成两个长方形，不能改善方形脸的缺陷。剪发的话，建议层次从颧骨位置开始。

由于棱角突出，不具备柔和感，应采用波形来弥补有棱角的缺陷，突出脸部的竖线条，促使脸型接近圆形或椭圆形。

②长方形脸。

如图4-14所示，脸型较瘦削，此脸型要用甜美可爱的发式来缓解脸长的严肃感。在发型的轮廓上，下半部头发尽量增加蓬松度，头顶切记要服帖，不要再添加蓬松感（如果头顶蓬发的话，只会更拉长整个脸），前发宜下垂，使脸部显得圆润一些。同时，还要增加两侧的发量，以弥补脸颊欠饱满的不足。长方形脸切忌剪超短发。另外，头发的层次尽量不要打太高。以免蓬松度集中到上半部，使脸更狭长。

对于脸型狭长的女性来说，将头发做成卷曲波浪式，可彰显优雅的品位，应选择松散而飘逸，整齐中带点凌乱的发型。例如，波浪式长发或者分层式中长发。

图4-13　方形脸　　　　　　　　　　　　图4-14　长方形脸

（4）菱形脸

如图4-15所示，两颊颧骨较高，上下脸部较窄，前额和下颌轮廓狭窄，颧骨宽而高。设计发型时应避免短发中层次发型。平直的造型会使下巴显得尖锐。菱形脸窄额、窄下巴，中间颊骨处最宽，两眼突出，整个上半部为正三角形，下半部为倒三角形。因此，最适合的发型是靠近面颊骨处的头发尽量服帖，面颊骨上下的头发则尽量松散，刘海要饱满，以使额头看起来较宽。短发要打造出心形的轮廓，长发要打造出椭圆形的轮廓。靠近颧骨处可设计大弯形的卷曲或波浪式的发束，以遮盖其凸出的缺点。比如，不对称式短直发、轻烫式短发、大波浪式中长发、细密式卷发。

（5）三角形脸

①正三角形脸型。

如图4-16所示，额头窄小，下巴宽大。为了掩盖其缺陷，应当增加头顶头发的高度和蓬松感，留侧分刘海，以改变额头窄小的视觉效果。头发长度要超过下巴，避免短发型。烫一下更好，容易做出大波浪，发梢可柔软地贴附在脸颊。两侧头发要蓬松，还要用刘海修饰。正三角形脸因为双颊比较宽，所以两边头发要蓬松一点才能平衡较宽的脸型。头顶尽量避免蓬松，重点放在发型下半部的层次上。额头两侧必须要有刘海，而刘海分线，建议从眉头开始切分，最能掩饰三角形脸的缺陷。额下部头发要逐步紧缩。适合的发型有直长发、大波浪长发。

②倒三角形脸（心形脸）。

如图4-17所示，宽额头，窄下巴。发型设计应着重于缩小额宽，并增加脸下部的宽度。具体来说，头发长度以中长发或垂肩长发为宜，适合中分刘海或稍侧分刘海。发梢蓬松柔软的大波浪可以达到增宽下巴的视觉效果，更添几分柔媚。这种脸型的人易给人温婉之感，因此在发式选择上要保持恬静柔和的优点，同时不要让单薄的下巴成为脸部的突出点，应利用头发转移视线。颈背的头发不宜太短。适合的刘海尽量剪短，并打造出参差不齐的效果，露出虚掩的额头，转移宽额头的焦点。发长与下巴齐平，使头发自然下垂内卷。侧分发型较长一边，做成略过额侧的波浪，以增加下颌轮廓的宽度。长发宜剪高层次，下巴以下的头发烫成卷曲或微卷。

图4-15　菱形脸　　　　　　图4-16　正三角形脸　　　　　　图4-17　倒三角形脸

（四）发型设计的分类及特点

1.波波头

一种短发发型，如图4-18所示，是中心在脑袋枕骨部位的比较厚重的一种短发，特点是贴合面部轮廓的发线，长度短及耳部，从头顶到后脑有圆滑而饱满的弧线，可中分或留厚重齐刘海。打造一点凌乱、蓬松的慵懒之感。

2.精灵短发

精灵短发，如图4-19所示，特点是类似男生平头发型，具有凸显五官优势、强化个性特征、增加记忆点等诸多优势。打造时整个头部的头发都要层层修剪，要剪得细碎有层次，刘海一定要短，头发一定要紧贴头皮。

图4-18　波波头　　　　　　　　　　　　　图4-19　精灵短发

3.八字形刘海

八字形刘海，如图4-20所示，远远看过去，刘海就像个"八"字，能遮住两边脸颊，视觉上比较显脸小，不清晰的分界带给人一种慵懒的感觉。因为八字形刘海给人一种慵懒感，所以刘海厚度很重要，要介于空气刘海和厚刘海之间，以隐约能看到额头为最佳。

4.中分齐肩直发

中分齐肩直发，如图4-21所示，刘海中分，直发长度与肩平齐，可以勾勒出精致的小脸，柔亮顺滑的发质给人一种天然的质感，散发出清纯动人的魅力，展现出优雅的女性美。

5.中长卷发

中长卷发长度到胸部，如图4-22所示，相对于直发而言，卷发能给人一种慵懒的感觉，看上去特别舒适，使整个人的气质都柔和起来。而且活泼又时尚的卷发能增添俏皮感，散发出成熟知性的魅力。

图4-20　八字形刘海　　　　　图4-21　中分齐肩直发　　　图4-22　中长卷发

◆ **任务实施**

斜向"C"线刘海的修剪方法

①从刘海深度点到外眼角，分出所需要修剪的刘海区，如图4-23所示。

图4-23 分出刘海区

②将刘海区分成五个发片，如图4-24所示。

③正中间位置，即刘海深度点至两个内眼角，是第一个修剪的发片，要向上垂直提拉。如需要刘海效果斜向左边，则将第一个发片垂直于右侧分缝线，如图4-25所示。

图4-24 五个发片区   图4-25 第一个发片

④预测长度，手指夹紧发片，预留要稍微长一点，到鼻尖位置，如图4-26所示。

⑤将头发拉到头顶进行平行修剪，注意保持在中线位置，旁边就是修剪的效果，如图4-27所示。

图4-26 预留长度   图4-27 修剪效果图

⑥从刘海深度点分至右侧外瞳孔为第二个发片，垂直提拉靠右侧分缝线进行平行修剪，如图4-28所示。

⑦刘海深度点分至左侧外瞳孔为第三个发片，垂直反向提拉靠最右侧分缝线，跟上一发片在同一个位置进行修剪，如图4-29所示。

图4-28 第二个发片

图4-29　第三个发片

⑧从刘海深度点分至左侧外眼角为第四个发片，向前拉出，向下滑剪与后部整理稍作连接，如图4-30所示。

⑨从刘海深度点分至右侧外眼角为第五个发片，向前拉出，向下滑剪与后部整理稍作连接，如图4-31所示。

图4-30　第四个发片

图4-31　第五个发片

⑩斜向"C"线刘海修剪完成，可在视觉上达到缩短脸型的效果，如图4-32所示。

图4-32　斜向"C"线刘海效果

◆ 实战训练

项目四	发型设计基础操作		任务一	发型设计概念	
姓名		班级		指导教师	

任务单

日期		小组名称	
任务名称			
操作场景			
"c"线刘海修剪操作要点			
实训用具			
服务用语关键词			
训练小结			
顾客评价	满意 □　　不满意 □	教师评价	合格 □　　不合格 □

◆ 任务测评

任务一　发型设计概念测评表

评价标准	分值/分	学生自评	学生互评	教师评定
能按顺序进行修剪操作	30			
动作手法规范，两手配合默契，动作流畅	20			
修剪手法运用得当，修剪发片准确	30			
顾客感觉轻松、舒适	20			
总分	100			

◆ 学习反思

1.斜向"C"线刘海是怎样修剪的？

2.发型设计的分类有哪些？特点是什么？

3.面对不同脸型你如何设计发型？

［任务二］　NO.2

女士基本发型修剪

◆ **任务介绍**

　　学习女士基本发型修剪，必须掌握基本发型中方形修剪、三角形修剪和圆形修剪的修剪方法，这是成为专业发型师的必修课程。

◆ **任务准备**

　　1.裁剪工具：剪刀（条剪）、牙剪；

　　2.辅助工具：梳子工具、推梳、裁发梳、发夹（鳄鱼夹）、喷水壶等；

　　3.消毒工具：消毒酒精、消毒喷雾、镊子等。

◆ **学习园地**

　　女士发型风格有九种，包括可爱型发型风格、优雅型发型风格、浪漫型发型风格、时尚型发型风格、柔美型发型风格、华丽型发型风格、纯洁型发型风格、知性型发型风格、现代型发型风格。这九种发型风格是按曲线型风格、中间型风格、直线型风格划分的。

　　1.女士曲线型发型风格

　　（1）女士可爱型发型风格

　　①可爱型发型风格特点。

　　在标准风格的前提下，可爱型发型风格的五大轮廓为曲线型，质感为柔和质感。

　　②可爱型发型风格设计感觉。

　　可爱型发型风格打造的是可爱、乖巧、活泼、青春、甜美的整体印象，如图4-33所示。

图4-33　可爱型发型风格

　　（2）女士优雅型发型风格

　　①优雅型发型风格特点。

　　在标准风格的前提下，优雅型发型风格的五大轮廓为曲线型，质感为中间质感。

　　②优雅型发型风格设计感觉。

　　优雅型发型风格打造的是优雅、贤淑、温婉、飘逸、知性的整体印象，如图4-34所示。

图4-34　优雅型发型风格

图4-35　浪漫型发型风格

图4-36　时尚型发型风格

图4-37　柔美型发型风格

图4-38　华丽型发型风格

（3）女士浪漫型发型风格

①浪漫型发型风格特点。

在标准风格的前提下，浪漫型发型风格的五大轮廓为曲线型，质感为硬朗质感。

②浪漫型发型风格设计特点。

浪漫型发型风格打造的是浪漫、性感、迷人、热烈的整体印象，如图4-35所示。

2.女士时尚型发型风格

（1）时尚型发型风格特点

在标准风格的前提下，时尚型发型风格的五大轮廓为中间型，质感为柔和质感。

（2）时尚型发型风格设计感觉

时尚型发型风格打造的是时尚、个性、叛逆、潮流、创新、标新立异等整体印象，如图4-36所示。

3.女士柔美型发型风格

（1）柔美型发型风格特点

在标准风格的前提下，柔美型发型风格的五大轮廓为中间型，质感为中间质感。

（2）柔美型发型风格设计感觉

柔美型发型风格打造的是柔美、休闲、有亲和力、自然等整体印象，如图4-37所示。

4.女士华丽型发型风格

（1）华丽型发型风格特点

在标准风格的前提下，华丽型发型风格的五大轮廓为中间型，质感为硬朗质感。

（2）华丽型发型风格设计感觉

华丽型发型风格打造的是华丽、贵气、醒目等整体印象，如图4-38所示。

5.女士纯洁型发型风格

（1）纯洁型发型风格特点

在标准风格的前提下，纯洁型发型风格的五大轮廓为直线型，质感为柔和质感。

（2）纯洁型发型风格设计感觉

纯洁型发型风格打造的是青春、帅气等整体印象，如图4-39所示。

图4-39　纯洁型发型风格

6.女士知性型发型风格

（1）知性型发型风格特点

在标准风格的前提下，知性型发型风格的五大轮廓为直线型，质感为中间质感。

（2）知性型发型风格设计感觉

知性型发型风格打造的是知性、优雅、理性等整体印象，如图4-40所示。

图4-40　知性型发型风格

7.女士现代型发型风格

（1）现代型发型风格特点

在标准风格的前提下，现代型发型风格的五大轮廓为直线型，质感为硬朗质感。

（2）现代型发型风格设计感觉

现代型发型风格打造的是摩登、现代、硬朗等整体印象，如图4-41所示。

图4-41　现代型发型风格

◆ 任务实施

一、女士发型方形修剪

步骤1：

①将头发分成7个发区。

②头顶区前额角至黄金点的弧线。

③两耳上至上头顶区的垂直线。

④黄金点至颈背点垂直线。

⑤两耳上人发际线的水平线相连于后枕部中点。

⑥后颈部左右为1、2发区，后顶部左右为3、4发区，左右耳上为5、6发区，前顶部为7发区，如图4-42所示。

女士发型方形修剪

图4-42 发区

图4-43 修剪发片

步骤2：在中间取1～2厘米宽的水平发片，确定长度后，以发片提拉角度0°修剪为导线，如图4-44所示。

步骤3：以中间导线头发的长度为基准，修剪右侧导线，如图4-45所示。

图4-44 确定发片长度

图4-45 修剪右侧导线

步骤4：以中间导线头发的长度为基准，修剪左侧导线，如图4-46所示。

步骤5：以导线为基准向上水平分出2厘米左右的发片，以下面头发为引导修剪左右两侧，逐层向上至水平线，如图4-47所示。

图4-46 修剪左侧导线

图4-47 逐层修剪

步骤6：从3、4发区下沿分出2厘米左右的发片，如图4-48所示。

步骤7：以2发区左侧发片长度为基准，发片提拉角度为0°，修剪4区导线，如图4-49所示。

图4-48 从3、4发区分出发片

图4-49 修剪4区导线

步骤8：以1发区右侧发片长度为基准，发片提拉角度为0°，修剪3发区导线，如图4-50所示。

步骤9：以3、4发区导线为基准，逐片完成3、4发区发片的修剪，如图4-51所示。

图4-50　修剪3区导线

图4-51　逐片修剪3、4发区

步骤10：从5发区下沿分出2厘米左右的发片，如图4-52所示。

步骤11：以3发区左侧发片为基准，发片提拉角度为0°，修剪出5发区导线，如图4-53所示。

图4-52　从5发区分出发片

图4-53　修剪出5发区导线

步骤12：以同样的方法逐片修剪5发区发片，并完成5发区发片的修剪，如图4-54所示。

步骤13：从6发区下沿分出2厘米左右的发片，如图4-55所示。

图4-54　修剪5发区

图4-55　从6发区分出发片

步骤14：以4发区右侧发片为基准，发片提拉角度为0°，修剪出6发区导线，如图4-56所示。

步骤15：以同样的方法逐片修剪6发区发片，并完成6发区发片的修剪，如图4-57所示。

图4-56　修剪6发区导线

图4-57　修剪6发区发片

步骤16：从7发区下沿分出2厘米左右的发片，以下层为引导提拉角度，如图4-58所示。

步骤17：以同样的方法逐片修剪7发区发片，并完成7发区发片的修剪，如图4-59所示。

图4-58 从7发区分出发片

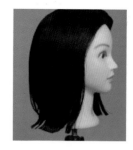

图4-59 修剪7发区发片

步骤18：检查并调整，使两侧发片的长度和高低一致，如图4-60所示。

步骤19：完成女式短发固体层次发型修剪，并用掸刷将碎发掸掉，如图4-61所示。

图4-60 检查调整

图4-61 女士发型方形修剪效果

二、女士发型三角形修剪

女士发型三角形修剪

步骤1：划分发区，如图4-62所示。

步骤2：从底下分出2厘米厚的发片，从中间向两边修剪，剪左边时指尖向上，如图4-63所示。

图4-62 划分发区

图4-63 修剪左边

步骤3：再分出2厘米厚的斜向发片，前低后高，修剪时角度提升15°(一指位)，指尖跟随分缝线进行修剪，如图4-64所示。

步骤4：再次分出2厘米厚的发片，斜向分取，角度再次提升15°，指尖跟随分缝线，修剪到前面时角度逐渐降低，如图4-65所示。

图4-64 提升15°修剪

图4-65 再次提升15°修剪

步骤5：剪到中区发片时，再划分发片进行修剪，提升角度，发片斜拉45°，如图4-66所示。

步骤6：依次修剪后面的发片，侧边与前面相连时，剪发要从堆积变为固体，如图4-67所示。

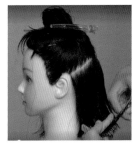
图4-66　斜拉45°修剪

图4-67　修剪其余发片

步骤7：修剪到以太阳穴为界的发片时，后方的弧度已经完成，如图4-68所示。

步骤8：进行吹风造型，调整，如图4-69所示。

图4-68　完成修剪

图4-69　最终修剪效果

三、女士发型圆形修剪

女士发型圆形修剪

步骤1：利用梳柄固定基础修剪的头发（前上30°角），如图4-70所示。

步骤2：将头发垂直拉出进行修剪，使头发的修剪流向向下，如图4-71所示。

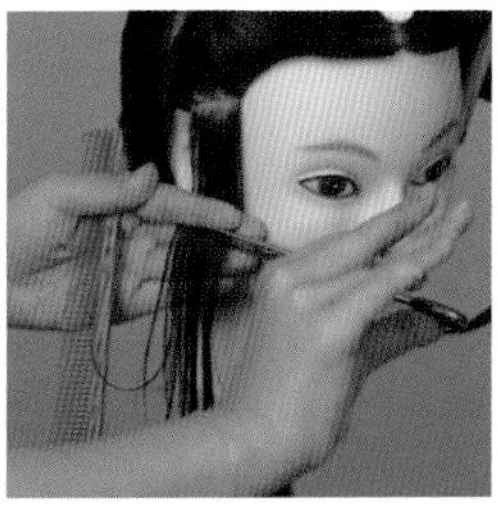

图4-70　基础修剪的头发

图4-71　修剪流向

步骤3：顺序推进头发修剪从第三层开始，取发片进行同上修剪，如图4-72所示。

步骤4：旁侧修剪的完成状态，另一侧也同样修剪，如图4-73所示。

图4-72　第三层头发修剪

图4-73　旁侧修剪完的效果

步骤5：后部的第一发层修剪，即前侧头发的延长发线修剪，如图4-74所示。

步骤6：被设定的前30°角的发线状态，如图4-75所示。

图4-74　后部第一发层修剪

图4-75　发线状态

步骤7：顺序推进头发层次修剪，从第三层开始，取发片进行同上修剪，如图4-76所示。修剪效果如图4-77所示。

图4-76　层次修剪

图4-77　最终修剪效果

◆ 实战训练

项目四	发型设计基础操作	任务二	女士基本发型修剪
姓名		班级		指导教师	

任务单

日期		小组名称	
任务名称			
操作场景			
方形、圆形、三角形操作要点			
实训用具			
服务用语关键词			
训练小结			
顾客评价	满意 □　不满意 □	教师评价	合格 □　不合格 □

◆ 任务测评

任务二　女士基本发型修剪测评表

评价标准	分值/分	学生自评	学生互评	教师评定
能按顺序进行修剪操作	30			
动作手法规范，两手配合默契，动作流畅	20			
修剪手法运用得当，修剪发片准确，可达到持久、有力、均匀、柔和的手法要求	30			
顾客感觉轻松、舒适	20			
总分	100			

◆ 学习反思

1.发型风格中你最喜欢哪种风格？请利用方形、圆形、三角形修剪技术，设计一款你喜欢的发型。

2.发型风格给你带来的设计灵感有哪些？

［任务三］

男士基本发型修剪

◆ **任务介绍**

  学习男士基本发型修剪，了解头、面各部位的名称、男士基本发型分类、男士基本发型的三部三线以及三部三线位置变化的关系，并清楚生理特征对发式轮廓线与基线位置的影响，熟悉男士发型修剪的质量标准，对于美发师来说，是非常重要且必不可少的素养。

◆ **任务准备**

  1.理发工具：削刀、电推剪、剪刀（条剪、牙剪）。
  2.梳子工具：推梳、裁发梳。
  3.辅助工具：发夹（鳄鱼夹）、喷水壶、消毒工具、消毒酒精喷雾。

◆ **学习园地**

  一、男士基本发型分类

  1.短发类发型

  短发类发型基本上是直发经过轧发、剪发来造型，具体发式有平头式、圆头式、平圆式和游泳式四种。

  ①平头式：又称平顶头或小平头。特点是两侧和后部头发较短，从发际线向上轧剪，短发呈波差层次，色调匀称，顶部略长的短发轧剪成都市平形，根据顶部头发长度，又有大平头、小平头之分。

  ②圆头式：又称圆顶头或小圆头。特点和平头式相似，但顶部头发呈圆形。

  ③平圆式：又称平圆头。特点是吸取平头和圆头两者的特点综合而成，周围头发有层次色调，顶部呈平圆形。

  ④游泳式：又称运动式，是在平圆头基础上发掘起来的，顶部头发较平圆头长，周围轮廓上部呈球形，层次较低，色调较深，短发具有长发感觉，适合青年、中年和运动员。

  2.中长发、长发类发型

  这两类发型发式基本相同，只是留发长短有所区别，有的是直发剪吹，有的是烫发梳理。具体发式主要有以下几种。

  ①青年式：青年的主要发式，特点是留发较长，一般边分头路，大边头发隆起，小边头发向后梳，线条流畅、轮廓饱满，显得健美英俊，富有时代青年的朝气。青年式可留中长发或长发，也有中长发、中层次、浅色调和长发、低层次、深色调的变化。

②波浪式：通过烫发或吹梳而成，整个发式呈波浪形线条结构，有分头路不分头路、大波小波等变化，一般倾向柔和的波浪，线条活泼，发丝自然，具有现代男性的潇洒感。

③青年波浪式：其设计是综合青年式、波浪式特点而成，边分头路，大边呈波浪荡形，小边呈曲线向后梳，线条流畅，造型优美，具有英俊潇洒的男性美。

④自然式：特点是留发中长，顶部头发较长，向前披垂，形成稀疏自然的笔尖形，两侧和后部头发向上轧剪，形成自然坡差层次，整个发型，线条柔和，发丝自然平服，简洁、大方、自然。

⑤中分式：特点是留发中长，中间分头路，额前头发从头路梳向两侧，发根站立蓬松自然，两侧和后部头发向上轧剪，有一定层次和色调。

⑥蘑菇式：特点是顶部头发较多较厚，形成蘑菇形轮廓，两侧和后部头发向上轧剪，有自然参差层次。蘑菇形轮廓比女子蘑菇式小，发式轮廓线也不太明显，也是目前较为流行的男子发型。

⑦奔式：特点是留发较长，边分头路，大边头发呈鸭舌帽形向前冲，两侧头发向后梳，在后部中心会合，线条流畅，造型别致，具有男性健美感。

⑧中年式：留发中长，可分头路和不分头路，分头路要略高一些。发丝向后斜梳，轮廓略为饱满，两侧及后部头发向上轧剪，体现一定的层次和色调，端庄大方，具有整洁感和时代感。

此外，商务男士不宜留长发，不烫发，不染发。这种整洁的发型适合于任何场合。

二、男士基本发型的三部三线

在男式推剪操作中，为了准确确定留发长度、推剪高低，习惯上按头发生长的情况，以及头颅和五官外形的位置，将头发部位区分为三部三线。一般把中长式的三部三线作为标准的三部三线，如图4-78所示。

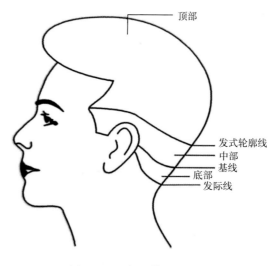

图4-78　三部三线

1.三部（顶部、中部、底部）

（1）顶部

顶部又称发冠部位。男式有色调发式中，中长式由额前发际线延伸到后脑隆起的枕骨部位均属于顶部。各种发式所需要的头发，都留在顶部。修剪中的层次衔接、调和、均匀、厚薄也体现在这一部分。顶部是修剪与造型的主要范围，也是剪刀操作的主要范围。

（2）中部

中部又称二部，位于顶部与底部之间。男式有色调发式中，中长式的中部上缘位置在枕骨隆凸部位，下缘则在颈部上端枕外脊部位，正好处在后脑鼓起部分的下端，形成一个倒坡形。推剪中的轮廓齐圆、色调均匀主要体现在这一部分，也是电推剪操作的主要范围。

（3）底部

底部指基线的下缘部分至发际线边缘，即男式有色调发式中，中长式的底部从枕外脊以下至颈部发际线上，是属于"打底子"的部分。在男式有色调发式推剪中，要求底部光净，接头精细。

2.三线（发式轮廓线、基线、发际线）

（1）发式轮廓线

发式轮廓线是顶部和中部的分界线，也是下部色调与上部层次的分界线。它是一条活动线，随着发式的变化及留发长短的变化，其位置上下移动。因此，发式轮廓线就是一条定式线。

（2）基线

基线是中部和底部的分界线，是一条抽象的假设线，同时也是一条活动线，随着发式及留发范围的变化，其位置上下移动。因此，基线是一条留发的起始线。

（3）发际线

发际线是指头发与皮肤的自然分界线，即毛发自然生长的边缘线，它连接着顶部、中部和底部。

从后脑正中看，头发的三部三线大体如此。但从两侧来看，分界的位置却不相同。由于头发在人的头部是自前额至后颈部斜面生长的，因此三部之间分界是两侧略高于后枕部。顶部与中部之间的交接线，自左右两侧的鬓角开始，对称地近似水平状，经耳上斜向后环绕至枕骨部汇合，这条弧线同时也是发式轮廓线。在中部和底部之间的一条交接线，其两侧位置在耳后发际线边缘，向后至枕外脊汇合，这条弧线称作基线，是电推剪操作"接头"的起点。

三、三部三线位置变化的关系

1.各种发式轮廓线的位置变化

男式推剪中，三部三线之间的关系主要是由发式轮廓线的变化来确定的。如图4-79所示，发式轮廓线一般把头发分为上下两个部分：上部为层次，通过修剪来实现；下部为色调，通过推剪实现。发式轮廓线的上下移动，会使发式形态发生改变。发式轮廓线上移，顶部层次幅度就变短，中部色调幅度就拉长，色调颜色就浅；发式轮廓线下移，顶部层次幅度就变长，中部色调幅度就缩短，色调颜色就深。这一上一下的移动便产生了两种截然不同的发式形态效果，并由此推出长、中、短几种发式轮廓线。通常发式轮廓线以居中为标准。因此，在男式有色调发式中，将中长式的发式轮廓线作为各种发式的标准发式轮廓线，并根据留发长短来决定其具体位置。

①短长式及短发类。短长式的发式轮廓线的位置在额角至鬓角的1/2范围内，后枕部发式轮廓线的中心点略高于中长式的汇合点。平头式、圆头式、平圆头式属于短发类，其发式轮廓线位置略高于短长式的发式轮廓线位置，具体差别是向两侧延伸的线较短长式略高一些。

②中长式。发式轮廓线自左右两侧的鬓角开始，呈对称状，近似水平，经耳上斜向后环绕至枕骨部汇合。脑后中心点的位置一般中长式与短长式相距7毫米左右。

③长发式。发式轮廓线中心点应在中长式发式轮廓线的下端，但不能低于枕骨隆凸部位，脑后中心点的位置，一般长发式与中长式之间相距1毫米左右。

④超长式。由于留发较长，超过发际线，其发式轮廓线低于发际线。

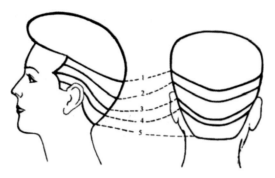

图4-79　发式轮廓线的位置

1—短发类；2—短长式；3—中长式；4—长发式；5—超长式

2.各种基线的位置变化

基线的位置高低与发式能否符合标准有很大关系。在正常情况下，以中长式为准，如果从发式轮廓线来测定基线位置，其间距一般为5～6厘米。

①中长式基线与发际线间距约为3.5厘米（近似两指宽）。

②长发式基线与发际线间距相应缩短，一般为1.5～2厘米（近似一指宽）。

③短长式及短发类各种发式的基线与发际线间距都应该比中长式长，为4～5厘米，近似两指半的宽度。

四、生理特征对发式轮廓线与基线位置的影响

掌握了各种发式的发式轮廓线、基线的位置，操作时工具起落就有了大致标准。在实际操作时，还应该根据顾客后颈发际线的高低、颈部胖瘦、头发疏密等特征加以灵活掌握，即发式轮廓线和基线的位置还要结合顾客生理特征做不同的处理。

1.发际线高低对基线、发式轮廓线的影响

人的发际线位置高低不完全相同，如果后颈部发际线位置偏高或偏低，位置不随之调整就会影响发式的色调。因为按照操作要求，推剪的中部要反映出黑白匀称的色调，使黑发在肤色的衬托下体现由浅入深、明暗和谐的效果。如果发际线过高，为了保持发际线与基线的距离，将基线与发式轮廓线的位置也按比例调整，发式轮廓线就会显得前后不相称。如果发式轮廓线不动，基线按比例调整，则基线与发式轮廓线之间的距离过短，就达不到色调柔和匀称的要求。遇到这种情况，只能相应调整基线位置，适当缩短与发际线之间的距离。相反，如果发际线较低，则可按正常比例略向下移动基线与发式轮廓线位置，否则底部太大，与整个发式轮廓线不协调。

2.头发的疏密对基线与发式轮廓线位置的影响

人的头发生长情况很不一样，有的粗硬茂密，有的细软稀疏，若掌握不好，也会影响色调。因此，实际操作时应视头发生长情况灵活掌握。如果头发生长浓密，基线与发式轮廓线应该比一般标准略微提高，但发式轮廓线向上移动幅度要小于基线的移动幅度，使两线之间距离较正常标准缩短一些。如果头发较为稀疏，则可以将基线位置向下移动一些，使其与发式轮廓线的距离适当扩大。

3.颈部情况对基线的影响

人的颈部有长短、粗细、胖瘦等分别。有的人颈椎骨较长，体态消瘦，显得颈部特别长；也有人颈椎骨较短，体态肥胖，颈肌发达，颈部显得较粗、较短。因此，基线位置还要结合颈部的生理情况一并考虑。属于前一种情况的，基线位置应该略低于正常标准，这样看起来不会感觉颈部过长；属于后一种情况的，要把基线位置定得高一些，这样能够避免给人颈部过短的感觉。如果碰到颈部肌肉太发达导致

皮肤松弛的情况，即使颈部较短，基线也不能提得过高，否则会使人产生不协调之感。

4.基线与发式轮廓线的关系

使用电推剪时，电推剪直接从发际线推向发式轮廓线，基线似乎不复存在了。但是在实际操作中，为了中部色调的需要，电推剪开始时紧贴头皮，越过发际线后逐步悬空推向发式轮廓线，这样发际线周围会比较光净，稍向上就会出现匀称的色调，而电推剪开始悬空时起点的那条线，实际上就是一条看不见的基线。但是有时候发际线直接推向发式轮廓线，发际线处不要求光净，那么基线就与发际线成为一条线，而这样的发式轮廓线位置就显得较高，也可以适当调低。长发类的发式轮廓线位置调低后，色调就显得深，如果发式轮廓线位置不变，色调就显得浅，因此就有了深浅色调的区分。深浅色调要根据发式要求、年龄大小、留发长短来掌握，不能千篇一律。例如，青年发式要求色深，推剪后仍要像推剪过了数天又长出来的样子；中长式则要求色调浅，柔和匀称。

基线与发式轮廓线的关系十分重要，因此发型师要掌握各种发式的基线、发式轮廓线位置，才能灵活地处理各种发式。虽然目前部分男式发式留长，趋向深色调，一些超长发式的发式轮廓线与基线合一，但传统、经典的男式发式以及现代新发式很重视基线与发式轮廓线的关系，处理得当将使发式更加完美。

由此可以清楚地看出，发际线、基线、发式轮廓线三者之间既相辅相成，又相互制约。每个人的发际线高低是不一样的，发际线高低直接影响发式轮廓线、基线的位置，但基线位置的高低与发式能否符合标准也有很大关系，基线位置的高低应根据各种发式的要求来确定，而各种发式轮廓线要根据留发长短来确定。

◆ 任务实施

男士平头推剪

①先将头模喷湿，如图4-80所示。
②从右边分出一条平行线，如图4-81所示。

图4-80　喷湿头模

图4-81　分出平行线

男士平头修剪

③平行分区，修剪上区头发，与地面平行修剪，确定发型引导线，如图4-82所示。

图4-82　修剪上区头发

④以第一片为引导线，第二片发片角度不变，拉至同角度进行修剪，每一片都如此，如图4-83所示。

⑤从右边分出一条平行线，如图4-84所示。

图4-83　修剪发片

图4-84　从右边分出平行线

⑥平行分区，修剪上区头发，与地面平行修剪，拉至右边第一片引导线处，如图4-85所示。

图4-85　修剪发片1

⑦以第一片为引导线，第二片发片角度不变，拉至同角度进行修剪，每一片都如此，如图4-86所示。

⑧上区修剪完毕后，再从后区开始修剪，从黄金点的位置水平分出一条线进行修剪，修剪出引导线，如图4-87所示。

图4-86　修剪发片2

图4-87　修剪发片3

⑨以第一片为引导线，第二片发片角度不变，拉至同角度进行修剪，每一片都如此，如图4-88所示。

⑩修剪上区发型，垂直地面提拉发片，修剪出一条水平线作为上区引导线，如图4-89所示。

图4-88　修剪发片4

图4-89　修剪发片5

⑪以引导线为参考，一片挨着一片进行修剪，如图4-90所示。

⑫竖分，把开始修剪的头发作为引导线，与地面平行修剪，如图4-91所示。

图4-90 修剪发片6

图4-91 修剪发片7

⑬将刘海区域头发略微放长一点，如图4-92所示。

⑭一片挨着一片进行修剪，两边头发向中间靠，如图4-93所示。

图4-92 修剪发片8

图4-93 修剪发片9

⑮横拉发片，检查每一片发片是否平行，如图4-94所示。

图4-94 修剪发片10

⑯推梳和推子配合使用进行修剪，如图4-95所示。

图4-95 修剪发片11

⑰注意，整体发型要给人以方正的感觉，如图4-96所示。

⑱后区要带一点坡度进行修剪，如图4-97所示。

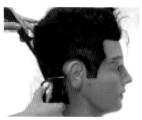

图4-96　修剪发片12

图4-97　修剪发片13

⑲吹干头发，如图4-98所示。

⑳检查哪些地方不平整，如图4-99所示。

图4-98　修剪发片14

图4-99　修剪发片15

㉑调整不平整的地方，使其平整，如图4-100所示。

㉒使用牙剪调整发量，使头发整体发量显得均匀，如图4-101所示。

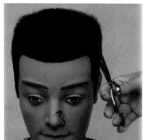

图4-100　修剪发片16

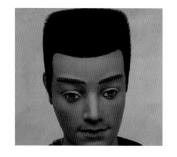

图4-101　修剪发片17

小贴士

电推剪的使用技巧如下：

①使用电推剪前滴1~2滴白油于刀刃上。

②在使用机身或刀片零件时，会有发热现象，但不会影响其性能。

③电推剪要求间歇使用，间歇时间为10分钟。

④将开关向前推即可工作，向后推停止工作。

⑤如发出哒哒的撞击声，调节螺丝向外调，力度偏小时向内调即可。

注意：因刀口锋利，需小心使用，若不锋利，则会拉拽头发，需更换。

◆ 实战训练

项目四	发型设计基础操作	任务三	男士基本发型修剪
姓名		班级	指导教师

任务单

日期		小组名称	
任务名称			
操作场景			
男士均等层次 发型修剪要点			
实训用具			
服务用语关键词			
训练小结			
顾客评价	满意 □　　不满意 □	教师评价	合格 □　　不合格 □

◆ 任务测评

任务三　男士基本发型修剪测评表

评价标准	分值/分	学生自评	学生互评	教师评定
理发工具使用配合程度	30			
修剪过程流畅程度	20			
发型平整程度	30			
顾客感觉轻松、舒适	20			
总分	100			

◆ 学习反思

1.男士的基本发式分类有哪些？
2.男士基本发式的三部三线是什么？
3.男士三部（顶部、中部、底部）的意义是什么？
4.生理特征对发式轮廓线与基线位置有什么影响？
5.男士平头应该如何修剪？

◆ 项目评价

项目四		发型设计基础操作		日期	
姓名		班级		指导教师	

项目评价表

评价类型	评价环节	评价指标	分值/分	自评	互评	师评
过程性评价	专业知识与技能	知识的理解和掌握	10			
		知识的综合应用能力	10			
		任务准备与实施能力	20			
		动手操作能力	20			
	职业素养	项目实践过程中体现的职业精神和职业规范	5			
		项目实践过程中体现的职业品格和行为习惯	5			
		项目实践过程中体现的独立学习能力、工作能力与协作能力	5			
终结性评价	项目成果	项目完成情况（目标达成度）	5			
		项目质量达标情况	20			
		得分汇总				
学习总结与反思						
教师评语						

项目总结

　　通过对发型设计工具的使用，了解男士基本发式的修剪与分类，基本发式的基线、轮廓线和其位置变化的关系，对男士发型的设计有了初步的流程感知。在女士发型设计中掌握发型设计的分类及特点，发型设计风格定位，发型设计原理，以及不同脸型的发型设计，结合女士基本发型的修剪，使我们对女士发型设计有了一个基本方向。理解了发型设计与制作是按照发型师和顾客的审美，综合运用形式美的规律和造型艺术技巧，并结合实践创作经验，对头发进行艺术美的创作。

项目五
烫发基础操作

【项目简介】

埃及是世界上最早发明烫发的国家。那时，妇女把头发卷在木棒上，涂上含有大量硼砂的碱性泥，在日光下晒干，然后把泥洗掉，头发便出现了美丽的涡卷。古埃及人用烙铁来使头发和胡须卷曲，希腊人则用铁和土色布做发卷，罗马的有钱人使用中间插入热棍子的空筒卷头发……这些都成为"烫发"的起源。

20世纪60年代后，烫发才随着嬉皮士的兴起重新回到世界时尚的中心舞台。在80年代，甚至出现了烫发狂潮，那是烫发最鼎盛的时代。如今，烫发依旧是人们追赶潮流的标志，烫发最重要的是改变外形上的刻板印象，展现出不同的风格，如成熟、稚气、中性、大气、复古、温婉等。

本项目精选最新的科学烫发基础操作手法，实景示范拍摄，附微视频。

【参考学时】

本项目包含3个任务，分别为任务一烫发基础操作（12学时），任务二烫发前后护理与效果判断（6学时），任务三热塑烫发操作（10学时）。学习本项目总计需要28个参考学时。

【知识目标】

1.了解烫发产品、设备和工具；

2.理解烫发的基本原理；

3.了解烫发后的护理知识；

4.理解热烫的基本原理。

【技能目标】

1.掌握分区、上杠的操作技术；

2.能按照规范的烫发工作流程进行操作；

3.掌握卷杠中标准卷杠（长方形排列）和竖杠（扇形排列）的操作方法；

4.能根据烫发发质的特性选择烫发药水；

5.能按照顾客的要求进行烫发操作。

【素养目标】

1.通过学习烫发工作流程，树立规范意识和专业服务意识；

2.通过满足不同需求的烫发操作，提升实践能力和创新意识。

[任务一]

烫发基础操作

◆ 任务介绍

烫发分为物理烫发和化学烫发，现在用得最多的是化学烫发。烫发的目的有两个：第一，使头发达到卷曲的效果，带来形象上的改变；第二，改变头发的形状、头顶的蓬松度以及头发的流向。

烫发的基本过程分为两步：第一步是通过化学反应将头发中的硫化键和氢键打破；第二步是对发心结构进行重组，并使之稳定。

◆ 任务准备

1.烫发工具：烫发纸、卷杠、皮筋、喷水壶、鸭嘴夹。
2.消毒用品：酒精喷雾。

◆ 学习园地

一、烫发的基本原理

1.头发的组成

由20多种氨基酸和5种基本元素（碳、氧、氮、氢、硫）合成的角质蛋白细胞排列在一起，并由二硫化键、氨基键、氢键和盐键相互连接着的丝瓜网状纤维体构成，如图5-1所示。

（1）盐键

如图5-2所示，当头发的pH值为4.5～5.5时，头发毛鳞片合拢最紧，盐键最强，决定头发的健康程度。要修护头发的毛鳞片就要使用含有酸性成分同时带有"负电"的护发产品（如带有负离子的吹风机也是可以收紧头发毛鳞片的）。

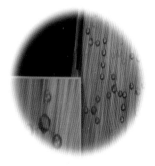

图5-1　网状纤维体构成图　　　　　　　图5-2　盐键"+、-"图

（2）氢键

如图5-3所示，"H"代表氢键，在135 ℃高温下产生记忆，通常在操作一次性电棒时，就是利用氢键在高温下产生记忆让头发产生卷度（但发型卷度维持时间不久）。如陶瓷烫就是采用化学药剂改变头发里的氢键，再加温让氢键产生记忆，最后冷却，并采用药剂定型将其变成永久性的卷度。头发在干燥的情况下卷度弹性很好，氢键决定头发柔顺度。

图5-3　氢键图

（3）氨基键

细软的头发里不存在氨基键，只有粗硬的头发才有，氨基键决定头发的张力和弹性。通常细软的头发烫不卷或者弹性不好就是这个原因，所以在烫细软头发时可加入氨基酸来增加头发的弹性。粗硬的发质就不同，粗硬的发质弹性很好，但缺少水分，在烫发时可加入保湿因子增加光泽度、柔顺度。

备注：盐键、氢键、氨基键三个链键遇水即断开，遇高温便重组。

（4）二硫化物键

如图5-4所示，"S"代表二硫化物键，在头发里如同螺旋纤维体捆绳状，"正、负"电异性相吸用来连接链键（当"S"都成为"正电"时，链键是松开的，头发开叉也就是这个原因）。它是头发链键组织中最牢固的一个链键，只有烫发药水里的一剂才能将其切断，再用药水的二剂把链键重新组合起来。所以，烫发就是利用二硫化物键来制造想要的花形卷度。

（5）色素键

如图5-5所示，头发含有麦拉宁色素粒子，从表层蓝色→蓝紫→紫→紫红→红→橙红→橙→橙黄→黄→黄白的里层。蓝色素小，黄色素大，通常毛鳞片一打开就容易流失掉。健康发质烫发时，电发纸上会有紫色的水，就是头发的色素。在漂浅头发时，漂到黄色就很难褪浅了，因为黄色素大，不容易褪浅。在操作染发时必须考虑头发的天然底色，还有色素的连接和填补色素。

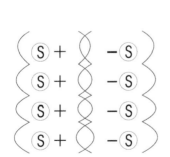

图5-4　二硫化物键图

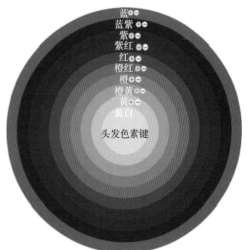

图5-5　色素图

2.烫发的变化过程

通过阿摩尼亚打开毛鳞片，进入皮质层，先切断二硫化物键，再通过烫发工具，改变链键结构，最后固定链键使之成型。它是化学能和物理作用的结合，使头发的形状、性质发生变化。

过程：裂变反应→迫使移位→元键重组→位置固定，如图5-6所示。

（a）直发 （b）涂上烫发液后 （c）卷上发杠 （d）涂中和剂

图5-6 烫发的变化过程图

3.烫发原理

打开毛鳞片→膨胀蛋白质→切断二硫化物键串联多肽锁链→迫使移位→形成新键→连接新的二硫化物键串联多肽锁键→平衡pH值→关闭毛鳞片。

4.烫发液的主要成分及作用

①硫代乙醇酸：打开双硫键。

②氨水（氢氧化氨）：催化剂。

③碳酸氢铵：pH调整、强卷剂。

④氧化剂：中和定型。

5.头发变形的条件

①压力：物理作用，卷杠或拉直的作用力。

②温度：烫发的化学过程需在30~60℃温度下完成。

③时间：所有的化学反应都需要时间。

④烫剂：产生烫发反应的主要条件。

二、发质的鉴定方式、受损原因及护疗方法

发质的鉴定方式、受损原因及护疗方法见表5-1。

表5-1 发质的鉴定方式、受损原因及护疗方法

发质类型	鉴定方式	原因	护疗方法
正常发质	1.柔软、光泽有弹性； 2.做发型后易保持发型； 3.有少量头屑； 4.头皮不发痒	头发保养适当	洗发护理健康系列
干性发质	1.色泽暗淡干结； 2.容易打结，洗后极难梳理； 3.头发、头皮飞散，不易保持发型； 4.头皮发痒现象严重	1.油脂分泌不足； 2.头皮pH遭到破坏； 3.天气过于干燥； 4.过多吹发	滋养洗发护理系列
油性发质	1.头发油腻，极难保持发型； 2.头垢特别多； 3.头发易脱落； 4.头皮发痒现象严重	1.油脂分泌过盛； 2.不常洗头使油脂积聚； 3.使用错误的洗发露	去屑止痒护理系列
受损发质	1.发尾开叉、枯黄； 2.脆弱无弹性，容易折断； 3.极难保持发型； 4.头发粗涩	1.头发太长又未能做适当的护理； 2.经常漂染和烫发，却得不到正确的护理；烫发时间短	染烫后修复洗发护理

三、认识杠具

杠具类型见表5-2。

表5-2 杠具类型

杠具	图示
圆形卷发杠	 图5-7 圆形卷发杠
螺旋卷发杠	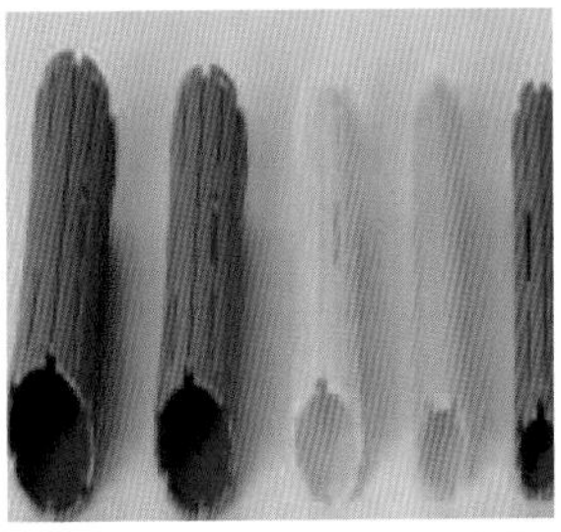 图5-8 螺旋卷发杠
万能烫卷发杠	 图5-9 万能烫卷发杠
筷子形卷发杠	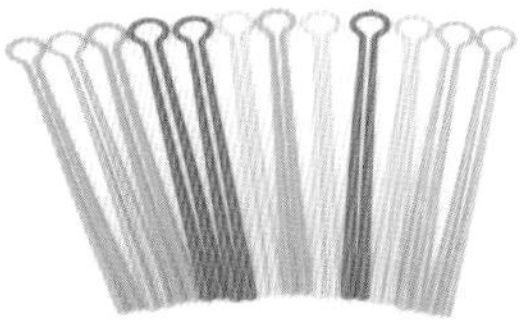 图5-10 筷子形卷发杠
水波纹卷发杠	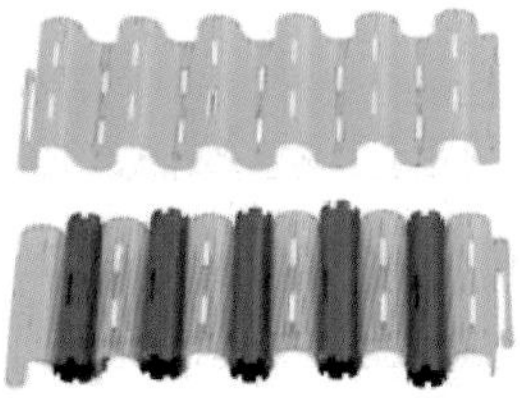 图5-11 水波纹卷发杠

四、认识烫发纸

烫发纸类型见表5-3。

表5-3　烫发纸类型

类型	图示
纹理烫发纸	 图5-12　纹理烫发纸
一次性烫发纸	图5-13　一次性烫发纸

◆ **任务实施**

一、清洁及按摩

清洁双手，顾客围上黑色围布以及披肩、毛巾等防护品，准备好杠子、尖尾梳、喷水壶，以及冷烫药水。

二、操作流程

①卷杠操作时先分发区，再分发片。
②选择合适的卷发杠，取出发片，发片的宽度和厚度与所用的卷发杠的长度和直径应相同。

三、标准卷杠

1.标准卷杠的基础知识

烫发的质量标准和注意事项。

（1）质量标准

标准卷杠发卷排列整齐，如图5-14所示；发花不焦不结，不损伤发质；根部有弹性有波纹；发尾成圈；发杆发丝柔顺有光泽且富有弹性。

（2）注意事项

①严格执行操作规程，安全使用烫发液，避免滴漏在皮肤和衣服上。
②定时试卷不能过于侥幸和相信，保证每次烫发质量，认真总结经验。
③烫前避免头皮损伤并判断发质，受损严重时要先做烫前处理。
④卷绕和固定时力度要适中，不可造成断裂和留下皮筋压痕。
⑤根据卷度控制时间和温度，头发参差度高时不可烫细纹状，易出现毛糙。
⑥烫发后染发或漂发都会损害烫后卷度。

图5-14　标准卷杠效果图

标准卷杠

（3）标准卷杠要求

①5号杠共60个，中间第一大区共24个。

②第二大区共18个，里侧11个，前侧7个。

③第三大区共18个，里侧11个，前侧7个。

（4）标准卷杠操作

①中心点至顶点提拉120°排列。

②顶点至黄金点提拉90°上杠。

③黄金点至后部点提拉75°上杠。

④后部点至颈点提拉45°上杠。

2.标准卷杠的操作方法

①分区：标准卷杠分五区。

②取片：发杠的8分宽标准。

③卷杠：片通平折尾贴方起卷。

④顺序：先上后下，先大后小（角度），如图5-15所示。

图5-15　标准卷杠的操作方法

3.卷杠的基本方法

①分取发片，如图5-16所示。

②将烫发纸和杠子放至发尾，如图5-17所示。

　　　　　　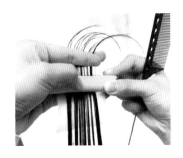

图5-16　分取发片　　　　　　　　　　　图5-17　放至发尾

③从上往下卷，如图5-18所示。

④双手同时用力向下卷杠，如图5-19所示。

图5-18　从上往下卷

图5-19　双手同时用力

⑤裹至发根处，如图5-20所示。
⑥用橡皮筋固定，如图5-21所示。

图5-20　裹至发根处

图5-21　用橡皮筋固定

⑦分取下一片头发，如图5-22所示。
⑧烫发纸放后，杠子放前，如图5-23所示。

图5-22　分取下一片头发

图5-23　烫发纸放后、杠子放前

⑨从上往下卷，如图5-24所示。
⑩如有碎头发，可用尖尾梳将其绕进杠子，再往下卷，如图5-25所示。

图5-24　从上往下卷

图5-25　碎发处理

4.卷杠的角度效果

①角度过大会造成发根处出现压痕。

②120°提拉角度效果蓬松，花形比较结实。

③90°效果，发根站立，花形均匀。

④75°制造自然（一般用于黄金点以下）。

⑤45°制造服帖（一般用于后部点以下）。

⑥75°、45°、0°花形自然、柔和。

5.固定要求

①橡皮筋角度服帖于头皮。

②发片过宽：发杠落在分份线上，头发花形不均匀；发片过窄，排杠挤杠，花形不均匀。

③发片厚度：发片过厚会压到分片本身的发根，造成漏杠；发片过薄，会压到下面头发的发根，造成挤杠。

④套橡皮筋：单套法（内紧外松交叉套法）可以用头发带动张力，烫出的头发很有弹力。

⑤卷杠的核心：对准发片中心点，找到发片中心点的1/2处，标准卷杠适合中长发、短发。

6.梳拉角度

（1）提拉发片的角度

角度过大，会压住本身的发根；角度过小，会压住本身及下面的发根，如图5-26所示。

图5-26　提拉发片

（2）梳子

角度过大，会压住本身的发根；角度过小，会压住本身及下面的发根，如图5-27所示。

图5-27　梳子

（3）包发纸

单包法、双包法、拆包法，如图5-28所示。

图5-28　包发纸

7.过度角度

①从中心点到顶点发片不能大于120°或小于90°。

②从顶点到黄金点发片不能大于90°或小于75°。

③从黄金点到后部点发片不能大于75°或小于45°。

④从后部点到颈点角度发片提拉不能大于45°，标准卷杠完成效果如图5-29所示。

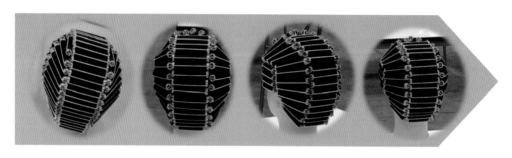

图5-29　标准卷杠完成效果图

8.卷杠注意事项

①发片要保持湿度均匀。

②横向角度的提拉偏移会造成杠具排列不整齐，花形不均匀。

③中心区走的是直线，两侧因头型原因走的是弧线。

④下橡皮筋要求：与头皮呈45°。

⑤发片是杠的八分宽，发片的厚度在杠子直径与半径之间，大于半径且小于直径。

⑥卷发是人站的身形和发片成一条直线，随发片中心点的圆点移动，纵向角度的提拉可控制头发的蓬扁。

🔍 小贴士

"冷烫"在常温下的作用过程，烫发水中的第一剂在使用前大约在10 ℃，当第一剂涂于已卷好的卷芯上时，必须用塑料帽包住卷芯，其主要目的是起到保温与隔绝空气的作用，塑料帽中的第一剂受体温的影响，温度会逐渐升高。大约10分钟后，卷芯上第一剂的温度受体温的影响大约会升至25 ℃，这时一般发质可以完全被软化（当第一剂的作用发挥完后，必须马上用温水将头发上的第一剂冲洗干净，以免第二剂中的氧化剂对头发造成更大伤害）。

冷烫液的第一剂中含有还原剂，能够打开头发蛋白链之间的双硫键，从而使头发失去形状，能够重新造型；将头发缠绕于卷杠后，适时使用第二剂，氧化作用可以使蛋白链间的双硫键重新就近组合，因此新的形状得以固定。

◆ 实战训练

项目五	烫发基础操作		任务一	烫发基础操作	
姓名		班级		指导教师	

任务单

日期		小组名称	
任务名称			
操作场景			
标准卷杠要点			
实训用具			
服务用语关键词			
训练小结			
顾客评价	满意 □　　不满意 □	教师评价	合格 □　　不合格 □

◆ 任务测评

任务一　烫发基础操作测评表

评价标准	分值/分	学生自评	学生互评	教师评定
能按顺序进行卷杠操作	30			
动作手法规范，两手配合默契	20			
卷杠运用得当，动作熟练	30			
能在规定时间内完成卷杠	20			
总分	100			

◆ 学习反思

1.卷杠的目的是什么?

2.卷杠的工具有哪些?

3.卷杠的注意事项有哪些?

［任务二］　　　　　　　　　　　　　　　　　　　　NO.2
烫发前后护理与效果判断

◆ 任务介绍

　　早期的造型烫称作纹理烫，就是烫出自然的纹理感效果，增加造型的塑形效果，因此烫发是为了造型。那么，头发的质感就尤为重要，也就是我们所说的效果，头发的护理、烫后头发的打理技巧等内容将在本次任务中进一步详细讲解。

◆ 任务准备

　　1.所需工具：护理碗、护理液、护理刷子、护理围布、定位夹。
　　2.消毒工具：酒精喷雾、酒精棉、镊子。

◆ 学习园地

一、烫发效果判断

　　头发烫不卷的因素有很多，有自身发质的原因，有发型师技术的因素，也有产品选择以及使用方式上的原因，这些都会影响烫发后的卷度弹性和持久度等，如图5-30所示。下面的技巧可以让你快速辨别烫发是否成功。

图5-30　烫发效果图

（一）湿发测试法

　　洗发后，在潮湿状态观察烫过的头发，如果卷度弹性等都不错，干发后卷度变大或者变直，这都属于正常现象。湿发状态有卷，但干发状态效果差，和烫发方式以及发质有关。如果湿发状态效果就很差，那么干发后几乎接近直发，这就是典型烫发失败的表现。冷烫的卷发，湿发状态效果好，干发状态效果差。细软或者受损发质也是湿发状态效果好，干发状态效果差。

这种情况可采用两种打理方法，即湿发造型打理方法和电棒造型打理方法。

湿发造型打理方法：

①洗发后，湿发状态涂抹弹力素或精油等具有保湿效果的造型产品；

②用吹风机将头发吹至半干，注意不要把卷吹开，最好采用远距离温风吹头发；

③吹半干后，再给发梢或者干燥的部位涂抹少许弹力素或精油，然后造型待自然干；

④造型后的发型不要用手摸或者用梳子梳。

电棒造型打理方法：

①洗发后把头发用吹风机吹干；

②选择适合的电卷棒，调节好温度，把头发用夹子分好区；

③按照从下向上，从内到外的原则，一次性把头发卷出需要的卷形；

④头发全部卷好后，用手指插入头发做梳子状，把头发梳通，然后涂抹少许精油即可。

（二）干发测试法

洗发后湿发状态头发的卷度自然柔和，但不代表干发后卷度依然漂亮。洗发后先把头发梳通顺，再用干毛巾擦干头发上的水分，用梳子梳通顺，自然晾干。如果干发后卷度弹性好，头发光泽度好，那么就是最佳效果，说明这款发型烫得非常成功。如果干发后头发卷度松弛，用梳子一梳就变直，则为烫发失败。

干发后自然成型的卷发，几乎不需要刻意打理，因为这属于最佳的烫发效果，又称为免打理卷发。这类发型必须采用热烫的方法才能做到免打理，因为热烫的优点就是越干越卷，弹性越好。

如果烫发后第二天就没卷了，可按照上述方法测试，可采用第一种湿发测试法，如果洗发后卷度恢复正常，就说明是发质的问题，可按照上面介绍的两种打理方法进行打理。如果洗发后湿发状态卷度不明显，干发后头发完全变直，就属于失败的烫发。

二、烫发效果的打理

图5-31　烫发效果的打理

卷发烫得再好，不会打理也是白搭！如图5-31所示，漂亮的卷发三分靠理发师的技术，七分靠自己日常的打理和养护。

1.湿发造型打理

湿发造型指的是头发潮湿状态下的效果，打理时，把泡沫发蜡、摩丝、弹力素或者啫喱水等具有保湿效果的造型产品涂抹在烫过的卷发上，梳理出需要的发型，再用风罩把头发烘干或者自然晾干，就呈现出湿发感的造型。

湿发造型适合冷烫后的卷发，因为冷烫的特点是：湿发状态卷度弹性好，光泽度好，卷曲效果明显；头发干后卷形容易变形，头发也会出现毛糙感。所以需要使用保湿类的造型产品，只有把烫过的卷发塑造出湿发状态的效果，才能把烫后的卷形，表现得更完美。

湿发造型的日常打理技巧：

①洗发后，湿发状态涂抹造型产品。

②吹风机装上专用的风罩，从下向上把卷发烘到八成干。发根用吹风机自然吹干，目的是获得蓬松的效果。没有风罩，就用吹风机把头发上的水汽吹干，然后用宽齿梳或者手指梳理头发，把卷发抓蓬松即可。

③头发干后，不要用手触摸头发，更不要用梳子梳头发。如果需要整理发型，最好把头发喷湿，或者手上沾水，把卷形抓出松散的效果。因为头发上的造型产品用梳子梳开后，就失去了造型效果，头发就会出现毛糙感，所以梳头的时候必须是湿发，干后禁止梳头。

④早上起来弄造型的时候，只需要把头发喷湿，用宽齿梳或者手指插入头发中把头发梳通顺，这样头发上的造型产品遇到水后又会发挥作用。个别毛糙的部位，可再涂抹少许造型产品，按照上述方法梳理即可，如图5-32所示。

图5-32　湿发造型打理效果

2.干发造型打理

干发造型顾名思义就是头发在干的状态下，通过吹风机或者其他造型工具，打理出需要的卷曲效果，如图5-33所示。干发造型只需要少许精油即可。

干发造型适合热烫后的卷发，因为热烫后即使自然晾干，也能获得弹性十足的卷发，而且卷形不变，更不会出现毛糙感。也就是说，热烫主要表现的是头发最自然状态下的卷曲。所以造型的目的就是最大化地保持卷发的原有状态。

图5-33　干发造型

干发造型的日常打理技巧：

①洗发后，先用毛巾把头发上的水分擦至半干。

②给发梢涂抹少许护发精油，主要涂抹在受损部位，健康发质可不用涂抹。

③用吹风机把头发吹到七八成干，然后用手指把卷发按照烫发时的方向卷绕，直至头发全干。或者用吹风机只把发根吹干，烫卷的部位晾干，等头发干后用手指把卷发抓松散即可。

④每天早上打理造型时，不需要喷湿头发，只需手上沾水，插入头发中把头发梳通顺，然后把卷发部位抓松散即可。因为热烫后的头发是越干卷度越自然，弹性越好。所以，早上造型时不需要用吹风机吹干头发，自然干最好。

3.半干造型打理

半干造型就是介于湿发造型和干发造型之间的一种状态，如图5-34所示。这种造型方法适合发量偏少的中小卷或者受损发质打理造型。只需要使用弹力素，打理方法比较简单。

发量偏少的中小卷或者受损发质，用湿发造型会使发量显得更少，干发造型又会影响卷度的质感和弹性，因此半干造型才是最适合的造型方法。

图5-34　半干造型

半干造型的日常打理技巧：

①洗发后，用毛巾把头发擦至半干。

②用梳子把头发梳通梳顺，把弹力素涂抹到烫卷的头发上，尽量涂抹均匀。

③用吹风机先把发根吹蓬松，再把烫卷的部位吹半干。

④整理一下卷发，再给发梢涂抹少许弹力素，增加头发的卷曲效果，待头发完全干即可。

⑤每天早上打理造型时，先把头发喷湿，再用手指整理卷发，最好让头发自然干。发根可用吹风机稍微吹一下，但不要吹卷发部位，如图5-35所示。

三、烫发过程

①选择适合的洗发水清洗头发。

②如遇到特别受损的发质可做烫前护理（不受损不做）。

③根据发型设计修剪出适合顾客的发型。

④进行烫发的软化流程：

a.将毛发吹干，由下往上分发片涂抹1号软化药水，尽量涂抹均匀并使其彻底吸收。

b.上好1号软化剂后，用保鲜膜包住头发定时等待（根据环境可选择加热）。根据其发质健康程度，加热时间在15～20分钟，每隔5分钟测试一次。

c.软化完成后，用温水顺着发丝向下冲洗头发，无须上洗发水、护发用品，药水冲洗干净即可。

⑤头发冲洗干净后，将烫中护理剂涂抹到软化的部位，搓揉均匀后，用梳子反复梳理，加强头发的渗透和吸收。

⑥上卷发杠：

a.根据发型设计进行上杠，一般头发分为左侧区、右侧区、顶区、后区4个"U"形区域，自左侧区开始进行斜上卷法（无固定）。

b.根据发质情况进行加热，一般热烫卷杠加热温度为80～120℃，时长为5～10分钟；加热一次完成后检查卷度，如未达到效果，可冷却后进行第二次加热。

图5-35　半干造型打理效果

⑦加热完成后，冷却；拆热烫杠，换冷烫杠，然后上热烫定剂。

⑧涂抹洗发水冲干净头发，洗完可上烫后护理剂。

⑨修饰造型：

a.用干毛巾将头发吸干，不要揉搓头发。

b.取少量护发精油（或者弹力素等造型产品）均匀地涂抹在发尾及发杆部分。

c.用风筒将头发烘干即可。

四、烫发后如何进行护理

有人在烫发后发现发质变得干枯毛糙，这是因为在烫发过程中烫发剂对头发造成了损伤，所以在烫发后更加需要注意对头发的护理。

1.不必每天洗发

频繁洗发会使对头发起保护作用的油脂被清洗掉，导致头发更加脆弱；同时洗发时不要用力揉搓头发，这样很容易使头发受损。

2.坚持使用护发产品

因为烫发对毛鳞片的伤害很大，平时洗发时可以配合护发素、发膜、护发精油一起使用，能减少头发之间的摩擦力，减少头发静电等。

3.避免用吹风机高温吹头发

高温能使头发中的水分变少，使得头发干燥脆弱、易断裂，还能使头发变得格外"膨胀"，其实就是头发在很脆弱状态下出现"泡沫状发"的表现。

4.减少电热卷棒的使用

长期使用电热卷棒对头发也是一种慢性伤害。如果有日常造型需求，需控制好卷棒的温度，温度不要过高，卷完后记得涂抹一些护发精油避免头发毛糙，或在使用前喷涂一些防烫喷雾减小损害。

5.挑选适合受损发质的洗发水

干性发质的朋友可以选择成分温和的洗发水（如月桂醇聚醚硫酸脂盐），同时配合护发素（如聚二甲基硅氧烷）使用。油性发质的朋友可以选择有控油效果的洗发水，并配合护发产品使用。

6.保证营养均衡

缺乏维生素也容易使头发出现问题。平常要多食用富含维生素的蔬菜和水果，如菠菜、韭菜、芹菜、芒果、香蕉等。及时补充营养，保证膳食均衡，不仅能滋养皮肤，还对头发恢复健康亮泽有事半功倍的效果。

◆ **任务实施**

烫后头发护理

烫后头发护理操作流程如下：

①分出发区，十字分区，前、后、左、右分区线，如图5-36所示。

图5-36　十字分区

②先从后区取出一束头发，涂抹护理膏向上打卷，上定位夹至根部，如图5-37所示。

图5-37　向上打卷

③其余头发以此类推，重复第一束头发的操作，如图5-38所示。

图5-38　其余头发上定位夹

121

④侧面同样操作，如图5-39所示。

图5-39　侧面

⑤打卷操作完成，如图5-40所示。

图5-40　打卷完成效果

⑥可用头发护理吹风机或焗油机进行喷雾加热护理，使营养渗透更均匀，如图5-41所示。

图5-41　喷雾加热护理

◆ 实战训练

项目五	烫发基础操作	任务二	烫发前后护理与效果判断
姓名		班级		指导教师	

任务单

日期		小组名称	
任务名称			
操作场景			
头发护理要点			
实训用具			
服务用语关键词			
训练小结			
顾客评价	满意 □　　不满意 □	教师评价	合格 □　　不合格 □

◆ 任务测评

任务二　烫发前后护理与效果判断测评表

评价标准	分值/分	学生自评	学生互评	教师评定
能正确完成护理操作	30			
动作手法规范，两手配合默契	20			
护理方法运用得当，动作熟练	30			
顾客感觉轻松、舒适	20			
总分	100			

◆ 学习反思

1.烫发护理时应注意哪些地方？

2.护理时应用到哪些护理产品？

3.在护理中，如何与顾客交流来缓解气氛？

◆ 知识拓展

温馨提示：由于不同的发型的烫发方式不同，其打理方法也是不同的，因此，要先明白烫发时用的是冷烫还是热烫，再按照上述对应的方法打理造型。蓬松的小卷发型，最好用湿发造型或者半干造型打理发型；中大卷或者大弯发型，最好用干发造型打理发型。

1.避免用电吹风机高温吹干头发

高温能使头发中的水分变少，使头发干燥脆弱、易断裂，还能使头发变得格外"膨胀"，其实是头发在很脆弱状态（泡沫状发）下的表现。

2.减少电热卷棒的使用

长期使用电热卷棒对头发也是一种慢性伤害。如果是有日常造型需求，需控制好卷棒的温度，温度不要过高，卷完后记得涂抹一些护发精油避免头发毛糙，或在使用前喷涂一些防烫喷雾减小伤害。

3.挑选适合受损发质的洗发水

头皮干性的朋友可以选择成分温和的洗发水（如月桂醇聚醚硫酸脂盐），同时配合护发素（如聚二甲基硅氧烷）使用。头皮油性的朋友可以选择有控油效果的洗发水配合护发产品使用。

常用的烫发造型品有弹力素或泡沫发蜡、护发精油等。

1.弹力素

洗头后或早晨整理发型时，可用弹力素以增加发卷的弹力。

2.泡沫发蜡

泡沫发蜡适合中小卷发型，比如羊毛卷、法式卷、小爆卷等需要体现卷度的发型。

3.护理精油

卷曲的头发光泽度差，可用护理精油为发丝增加光泽。

[任务三]

热塑烫发操作

◆ 任务描述

热塑烫加热的方式有内加热（卷杠加热）、外加热（通过外部的电热夹加热）、内外加热以及热包加热（为满足特殊烫发需求而在发卷外使用化学反应发热包加热）等。

按照加热的温度、使用的器材以及热塑烫药水成分的不同，热塑烫直发有负离子、游离子等，热塑烫卷发则包括陶瓷烫、SPA能量烫、数码烫等常见种类。此外，还有玉米烫等形成特殊波纹的技巧。

◆ 任务准备

1.热烫设备工具：热烫数码机；

2.烫发杠具：发杠、隔热棉片、发纸、皮筋、热烫药水；

3.辅助工具：烫发挑梳、喷水壶、鸭嘴夹、烫发围布、吹风机；

4.消毒工具：酒精喷雾、酒精棉、镊子。

◆ 学习园地

一、热烫原理

使头发固定为特定形状的化学键主要是双硫键，除此之外，氢键也发挥了重要作用。氢键在加热时得以暂时改变，因此我们可以只依靠加热来暂时改变头发的形状，但这种改变不是永久性的。

普通的冷烫重点针对的是双硫键的位置重塑，对氢键则无能为力，因此原先的直发烫卷后随着氢键恢复作用会逐渐返直；自然卷的头发在普通拉直后也会逐渐重回卷发状态。冷烫完成的头发在湿润时，得到水中的氢离子补充，头发会显示良好的卷度，但干发时则会在一定程度上返直，特别是在因发质较差或烫发操作不当导致烫发过度、氢键流失过度时，就容易出现干发不卷、湿发极卷的现象。

热塑烫针对以上弱点，在如同冷烫一般重塑双硫键的同时，还以加热的方式重塑头发的氢键，并以化学药剂加以固定，因此烫出的头发更为持久和有弹性，并且能在干发的状态下同样维持良好的卷度，省去了打理造型的麻烦。

热塑烫的共同流程，一般是用第一剂对头发进行软化，彻底断开头发间连接的化学键，然后以加热方式重塑，最后以第二剂定型。

二、热烫分类

1.陶瓷烫

陶瓷烫及远红外线陶瓷烫说的都是一回事，这种卷发效果比传统的卷发效果更自然，尤其干发比湿发的卷度更漂亮。陶瓷烫是利用一台外形如八爪鱼的仪器，用陶瓷棒将发丝夹住拉开，插电导热后烫卷。因此，短发容易漏卷，并不适合陶瓷烫，如图5-42所示。

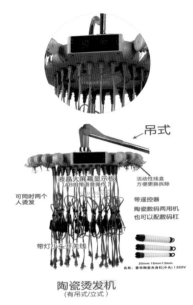

图5-42　陶瓷烫发机

2.数码烫

据了解，数码烫最先在日本、韩国等国家流行，美域公司研发了第一台国内烫发机，数码烫在泉州流行起来。数码烫是目前的顶尖技术之一，它可以达到以往烫发所不能达到的效果，并且还可以打造出光泽亮丽、自然的卷曲发型。

3.电棒烫

电棒烫的卷发是一次性的，基本上一天后效果就消失了，对于喜欢经常改变造型的人来说比较合适，视觉上也比较自然。但如果每天都用电棒烫头发，也会损伤头发，头发会变得越来越干枯、毛糙。电棒烫不需要使用其他材料，只需将电棒插上电即可，如图5-43所示。

图5-43　电棒烫

三、热烫与冷烫的区别

1.相同之处

热烫与冷烫都是利用还原、氧化反应原理进行烫发。

2.不同之处

热烫属于内外加热，冷烫属于外加热；二者还有卷度上的差异。

四、热烫与冷烫的特点

1.热烫

热烫即热塑烫，湿发与干发卷度差异性大，卷度可塑性强，干发比湿发卷度更强；对发质可选范围较广；热烫保持时间长，发质柔顺，表面光滑，容易打理。

2.冷烫

只局限于偏健康发质。

五、发质分析

做热烫首先要做的是对发质进行分类，可将发质分为八大类。

发质可分为正常发质、细软发质、细硬发质、粗硬发质、自然卷发、婴儿发质、受损发质、沙发等。

（注：细软发质、婴儿发质、沙发容易出现假性软化的效果，操作时应注意。）

热烫过程中重要的环节是发质分析与判断，这个环节出错会影响后面所有流程的操作，一定要慎重。现今发廊中最常出现的就是受损发质。作为一名合格的发型师，做热烫时首先要像中医一样，应做到：看、摸、问、拉扯发丝，沟通要细致，不要急于洗头。

比如说，接待顾客时，首先要观察顾客的发丝是否染过颜色，8度色即是8度受损，拉直、染黑都是不同程度的损伤。还要通过手指去揉搓，揉搓后的发丝如果出现黏合状，那么即可定为8度以上受损。受损发质分为以下几种。

①一般受损发质：染过一次或烫过一次，受损程度在4~6度。

②中度受损发质：染过多次或烫过多次，受损程度在6~8度。

③极度受损发质：受损程度在8~11度。

在分析测试发质时，干发测试是不准确的，所有的发质分析必须要喷水测试，喷水后用手指捏，可用手指去感受头发的绵密程度，头发越绵，受损程度越严重。

六、烫前护理及软化剂的选择

发质分析好后，下一步就是烫前护理，也就是软化前的喷水，上营养乳或营养等酸性物质，来改善受损发质，增加发质养分、水分、氨基酸等，使头发变得更有弹力，也更加有安全性，这一步尤为关键。

涂抹软化时湿抹最佳，因为发丝遇水毛鳞片会张开，水有着较好的渗透性能，所以带水上软化，会让软化剂更好地渗进发丝。

湿发上软化剂，一般水分保留70%左右为最佳。要想判断发丝内水分含量，可以用手指夹住发片去掉多余水分，去掉水分后发片还能黏合在一起，即为含水分70%，这时上软化剂刚刚好。发丝自然停放时自然向下滴水即为含水分80%，发丝自然停放时水分呈直线流淌即为含水分90%。

一般情况下选择软化剂时，会用pH值为8~9的弱碱性药水，伤发比较轻。（最好用试纸先测试pH值）

软化剂和营养类物质的调配：如果是健康发质就不用在软化剂里调配护发素或LPP等营养物质。调配用的护发素一定要是水溶性的。

首先我们把发质分为三大类：

①1~4度受损发质；

②4~6度受损发质；

③7~12度受损发质。

1~4度受损发质不用调配营养物质，主要是7~12度的发质软化时要相应调配营养物质。

要考虑好软化剂的pH值和软化速度，再决定是否调配护发素。软化的规律是，发质受损越严重软化的速度越慢，也就是要把药水调配柔和一些。

药水和护发素的比例：

①7度受损3：1；

②8度受损2：1；

③9度受损1：1；

④10度受损0.5：1；

⑤11度受损1：3（配方不是绝对的，根据现场情况而变）。

如果软化过程中遇到软化过量怎么办？

这里有硬化发质的方法。硬化发质的做法也适合细软发质、婴儿发质和受损发质，做法如下：

在软化进行到4～5层时，把发丝上的软化剂刮掉，然后用水溶性的护发素涂抹到已涂抹软化剂的位置，停留3～5分钟。因为护发素为酸性，会恢复发质，使发质变硬。结束后去除护发素，并将其放回到之前盛软化剂的碗里，一起调配均匀后涂抹到软化的位置继续软化（反复做2～3次）。

测试软化首先要看发质，细软发质挑出8～10根；粗硬发质挑出4～6根；一般发质挑出6～8根。然后用双手大拇指和食指捏住两侧，中间预留3厘米，用力拉扯4～10根发丝，拉出7.5厘米（4.5厘米加上预留的3厘米）。待拉出7.5厘米将断欲断的情况下即为85%的软化程度，也就是刚刚好的软化效果。85%的软化程度，烫任何发质任何卷度都可以。

软化结束后进行冲水，冲水时最好浸泡发丝，浸泡可以最大化地去除发丝内残留的药物，此外，浸泡还可以用水还原发丝，比如说软化至85%，浸泡后可以还原至75%。受损发质可以在浸泡时加入LPP或抗热油水溶性的护发素，以修护毛鳞片，修护2～3分钟即可。这样有助于恢复健康、富有弹力的发丝。水中本身含氧，发丝浸泡在水中可以起到养护、恢复、水疗的作用。

七、选择杠具

根据发质，卷的大小，选择合适的杠具，杠具包括粗杠28号、中杠25号、细杠22号等，如图5-44所示。

图5-44　杠具

上杠子之前可涂抹抗热油，抗热油里含有一种名为几丁聚糖的物质，它能有效地防止高温对发丝的伤害，有效地保护发丝，减少发丝烫后的毛糙感。

上杠结束后加热。加热涉及水分保留的问题。发质越健康水分保留得越多，发丝烫出来的弹性就越好。头发越受损，保留的水分就越少。由此，相应得出一种结论，水分越多加热时间越长，水分越少加热时间越短，相应地对发丝伤害越小。因此，受损发质应加热次数相应变多，时间变短，温度变低，比如8度受损，加热方式为2分钟、加热时间2分钟，温度设定可以用最高温度200℃，因为2分钟达不到设定温度，可以用时间控制温度，由发质决定次数。这样做能有效地减轻发丝的受损程度(加热时不要把发丝加热到100%干)，保留发丝内温湿即可。

◆ 任务实施

一、热烫的操作流程

女士数码烫发

1.烫前准备

①用洗发水轻柔洗发；
②修剪出一个满足顾客需要的高层次发型；
③将头发吹至8成干。

2.软化

①将头发吹至8成干后，由下往上分发片涂抹1号软化药水，尽量涂抹均匀并使其彻底吸收。
热烫操作流程注意事项：
a.软化剂只需涂抹到需烫卷的头发上移2厘米的位置即可；
b.健康发质只需用1号软化剂直接涂抹；
c.受损发质根据其头发受损程度，在1号软化剂中适量添加3号润发，搅拌均匀后使用；
d.受损头发在涂抹过程中应先将1号软化剂涂抹在发中健康部分，然后将添加3号润发霜的1号软化剂涂抹在发尾受损部分；
e.在涂抹1号软化剂的过程中，涂抹应尽量迅速、均匀。
②上好1号软化剂后，用保鲜膜包住头发进行蒸汽加热。根据其发质健康程度，加热时间在15～20分钟，其间每隔5分钟测试一次。
热烫软化注意事项：测试时取一小撮头发进行拉伸测试，能够拉出头发长度的二分之一并出现波皱现象，则为比较好的软化效果(软化程度直接影响烫后效果)。
③软化完成后，用温水顺着发丝向下冲洗头发，无须任何洗发、护发用品，冲洗时间不能超过5分钟。

3.上杠

①将头发吹至八分干，分发区，将分好的发束梳直，提拉至90°角。
②不要压发根，不要折发梢，每一发片的宽度是杠子的八分宽。
③发片要从头皮梳起，杠子一定要平。
④卷好后上隔热棉即可。不同杠子大小卷曲度不同。

4.定型

上完杠，加热完成，冷却后，拆热烫杠子上定型剂。定型一般为8～10分钟，根据产品说明书使用即可。

5.造型

①用干毛巾将头发上的水吸干，不要揉搓头发。
②取少量3号润发霜均匀地涂抹在发尾及发杆部分。
③用风筒将顾客头顶直发部分烘干。
④风筒配合风罩使用，将头发烫卷部分托起，先用热风，后用冷风交替烘干、整理。

二、女士热烫竖杠排杠方式

①分区，如图5-45所示。

图5-45　分区

②上热烫卷发杠，先从后部区进行第一层卷发上杠，以竖卷方式进行卷发，如图5-46所示。

图5-46　竖卷卷发

③进行后部区第二层卷发上杠，同样以竖杠卷发方式进行，如图5-47所示。

图5-47　竖杠卷发

④进行顶部区域卷发上杠，如图5-48所示。

图5-48　顶部上杠

⑤上杠完成，如图5-49所示。

图5-49　上杠完成效果

热烫造型流程注意事项：烫后72小时内不能用密齿梳打理头发。

热能烫的烫发技术使发型的波浪卷线条柔和，能够打造出自由奔放的感觉，能把人们的视觉焦点转移到发卷上，同时在视觉上增加发量，如图5-50所示。

图5-50　热能烫效果

◆ 实战训练

项目五	烫发基础操作		任务三	热塑烫发操作	
姓名		班级		指导教师	

任务单

日期		小组名称	
任务名称			
操作场景			
热烫卷杠要点			
实训用具			
服务用语关键词			
训练小结			
顾客评价	满意 □	不满意 □	教师评价	合格 □	不合格 □

◆ 任务测评

任务三　热塑烫发操作测评表

评价标准	分值/分	学生自评	学生互评	教师评定
能按顺序进行卷杠操作	30			
动作手法规范，两手配合默契，发片分片均匀，不出现发丝遗漏现象，卷杠排列整齐	20			
卷杠手法运用得当，发片提拉角度准确，发尾没有对折痕迹	30			
分区合理，卷杠的方法符合发型的制作要求	20			
总分	100			

◆ 学习反思

1.热烫和冷烫有什么区别?

2.热烫效果和冷烫效果有什么不同?

3.热烫上杠有哪些注意事项?

◆ 项目评价

项目五	烫发基础操作		日期	
姓名		班级	指导教师	

项目评价表

评价类型	评价环节	评价指标	分值/分	自评	互评	师评
过程性评价	专业知识与技能	知识的理解和掌握	10			
		知识的综合应用能力	10			
		任务准备与实施能力	20			
		动手操作能力	20			
	职业素养	项目实践过程中体现的职业精神和职业规范	5			
		项目实践过程中体现的职业品格和行为习惯	5			
		项目实践过程中体现的独立学习能力、工作能力与协作能力	5			
终结性评价	项目成果	项目完成情况（目标达成度）	5			
		项目质量达标情况	20			
	得分汇总					
学习总结与反思						
教师评语						

项目总结

通过对本项目的学习，除了理解冷烫和热烫的区别，还要巩固一些基本卷杠手法及排杠方式，从而提升对烫发美感效果的认知。根据顾客需求对热烫前的软化要求，以及烫发后的造型打理和护理小窍门等做出了详解，体现出了顾客至上的服务理念。

项目六
染发基础操作

【项目概述】

　　染发是美发沙龙里不可或缺的项目，主要体现在：为了遮盖白发；为了时尚；为了配合服饰和妆容；为了展示个性等方面。染发已成为时尚，色彩作为视觉信息，染发师认识色彩是有必要的；同时还应具备染色调配、染发技能操作的能力。

　　本项目精选最新的科学染发技术，实景示范拍摄，附微视频。

【参考学时】

　　本项目包含4个任务，分别为任务一色彩的认识（8学时），任务二染发基础的认识（8学时），任务三染发剂的涂抹（10学时），任务四漂发基本操作（10学时），学习本项目总计36个参考学时。

【知识目标】

　　1.了解色彩的产生；

　　2.认识色彩的属性；

　　3.掌握色彩与美发的应用；

　　4.认识染发产品及工具；

　　5.掌握漂发原理。

【技能目标】

　　1.掌握染发剂的调配方法；

　　2.掌握染发剂的涂抹步骤；

　　3.掌握漂发的基本操作流程。

【素养目标】

　　1.通过应用色彩与色彩知识，提升审美意识和能力；

　　2.在染发工作过程中增强规范意识，培养精益求精的工作态度。

［任务一］

色彩的认识

◆ 任务介绍

色彩作为视觉信息，无时无刻不在影响着人类的正常生活。美妙的自然色彩，刺激和感染着人的视觉和情感，给人以丰富的视觉空间和体验。

对于生活中的万事万物，色彩都起着非常重要的作用，而头发的色彩可以帮助人们对比肤色，让厚重的头发显得轻盈；也可以让人看起来更时尚等。本次任务将色彩的产生、属性、分类以及色彩与美发技术的应用作为主要内容。

◆ 任务准备

1.工具与材料：色环图片、三原色颜料、调色盘，画笔等；
2.消毒工具：酒精喷雾。

◆ 学习园地

一、色彩的产生

色彩从根本上说是光的一种表现形式。不同波长的光可以引起人眼不同的色彩感觉。因此，不同的光源有不同的颜色，而受光体则根据对光的吸收和反射能力的不同呈现出千差万别的颜色，如图6-1所示。

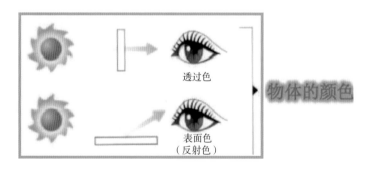

图6-1 色彩的产生

二、色彩的分类

色彩有无彩色和有彩色之分。黑色、白色以及由黑白混合而成的深浅不同的灰色，统称为无彩色。以红、橙、黄、绿、青、蓝、紫为基本色，按不同比例混合产生的千千万万种色彩，统称为有彩色，如图6-2所示。

（a）无彩色　　　　　　（b）有彩色

图6-2　色彩的分类

三、色彩的属性

专业上使用色相、明度、纯度三个属性来描述色彩，它们是色彩的基本构成要素。

1.色相

色相是指色彩的相貌，是色彩的最大特征。我们所说的红色、绿色指的就是色相。红、橙、黄、绿、蓝、紫构成了色彩体系中最基本的色相，如图6-3所示。其中，三种不能合成的颜色红、黄、蓝称为三原色；由三原色中的两个原色调配出来的橙、绿、紫称为三间色；任意两种间色相混合出来的红橙、黄橙、黄绿、蓝绿、蓝紫、红紫等颜色称为复色。它们之间的变化关系可用色相环的形式表现出来，如图6-4所示。

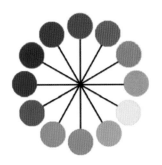
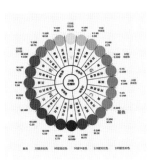

图6-3　十二基本色相　　　　　　图6-4　24色相环

2.明度

明度是指色彩的明暗程度。在无彩色中，明度最高的颜色是白色，明度最低的颜色是黑色，在白色和黑色之间存在一系列的灰色，很明显地呈现出不同的明度变化，如图6-5所示。

在有彩色中，黄的明度最高，紫色的明度最低，红色的明度中等，这是因为各色相在可见光谱上振幅不同，眼睛对它们的感知程度也不同。

任何一种有彩色中掺入白色，明度会提高；掺入黑色，明度会降低；掺入灰色，依灰色的明暗程度而呈现相应的明度。

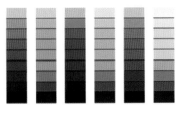

（a）有彩色明度推移　　　　　（b）无彩色明度推移

图6-5　明度

3.纯度

纯度又称为饱和度，是指色彩的鲜艳程度，它取决于可见光波长的单一程度。正是因为有了纯度变化，才使色彩显得极其丰富。

如果将一种高纯度的色彩加入无彩色黑、白、灰进行调和，那么它便不再鲜艳，如图6-6所示。

当纯色加入黑色时，会使纯色明度降低、色素堆积、颜色较暗；当纯色加入白色时，会使纯色明度提高、纯度降低、色素减少；当纯色加入灰色时，会使纯色呈现浑浊无光的效果。

在色彩的三要素中，纯度与明度有着密切的关系。色彩纯度越高，代表色素越多、通透感越差、明度越低；反之，色彩纯度越低，代表色素越少、通透感越强、明度越高。当我们需要使颜色的明度发生改变时，加入无彩色是很好的方法。

图 6-6　纯度的变化

四、色彩在美发技术中的应用

1.头发颜色的搭配

在美发技术中，色彩的运用既可以是单色的，也可以是多色的。采用多色设计发型时，要分清色彩的主次关系，注意色彩的搭配。常见颜色搭配包括互补色搭配、邻近色搭配和同类色搭配，具体见表6-1。

表6-1　常见颜色搭配

类型	特点	效果	在色相环上举例	图示
互补色搭配	色相距离180°左右	具有强烈的跳动感，视觉对比极为强烈；可以改变对比面积的大小、改变明度、改变纯度、减弱对比等；此搭配常用于大胆、新潮的发型	图6-7　色相距离180°左右	图6-8　互补色搭配发型
邻近色搭配	色相距离60°以内	没有强烈的视觉对比，给人以协调的感受	图6-9　色相距离60°以内	图6-10　邻近色搭配发型
同类色搭配	同一色相中的不同颜色	同类色比邻近色更接近，看上去色彩搭配更柔和、自然	图6-11　同一色相中的不同颜色	图6-12　同类色搭配发型

2.发色与整体造型的搭配

（1）发色与肤色的搭配

好的发色可以衬托和弥补肤色，给人以美感。白净的皮肤适合任何发色，黄色的皮肤应该选择较深的发色，稍黑的皮肤可选择偏红的发色，如图6-13所示。

（a）白色皮肤搭配任何色系　　（b）黄色皮肤搭配偏棕色系　　（c）深色皮肤搭配冷色系

图6-13　发色与肤色的搭配

（2）发色与服饰的搭配

发色与服饰的搭配也很重要。例如，深褐色、黑色的头发搭配严谨保守的职业装会相得益彰，葡萄紫色、浅金棕色的头发搭配晚礼服更能衬托女性的高贵气质，红色、铜金色的头发搭配一些妩媚风格的服饰则更能体现女性热情柔美的一面，如图6-14所示。

（a）棕色系发色搭配职业装　　（b）浅色系发色搭配礼服　　（c）红色系发色搭配性感类服装

图6-14　发色与服饰的搭配

◆ 任务实施

一、讲述色彩的类别和运用

通过课前的自主学习，小组派代表简述色彩的类别和不同色彩在生活情境中的运用案例。

二、分析色彩属性

小组派代表指出色相环中的三原色、三间色和复色，并描述它们之间的变化关系。

三、运用色彩搭配调配12色相环

了解色彩在美发技术中的应用，针对常用的色彩搭配（互补色搭配、邻近色搭配、同类色搭配）调配12色相环，如图6-15所示。

12色相环调色步骤：

①准备一个空颜料盒，在第1、第2、第3、第4格装红色（颜料中最红的）。第1格里的红色够画满一个色环就行；第2格里的红色比第1格少；第3格比第2格少，以此类推，装第4格红色。

②第2、第3、第4、第5、第6、第7、第8格装黄色。第5格里的黄

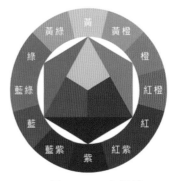

图6-15　12色相环

色够画满一个色环就行；第4、第6格的黄色要比第5格少；第3、第7格的黄色比第4、第6格少；以此类推，装第2～第8格，切记第1格不要放黄色。

③第2、第3、第4格中既有红色又有黄色，用牙签搅匀（用牙签不会浪费颜料），就得到了不同深浅的橘色。

④第6、第7、第8、第9、第10、第11、第12格装蓝色，装多少和黄色的方法一样，从第9格逐渐减少，以此类推。搅匀第6、第7、第8三格。

⑤第10、第11、第12格加红色，从第10到第12格逐渐多加，搅匀，如图6-16所示。

图6-16　12色相环调色

◆ 实战训练

项目六	染发基础操作		任务一		色彩的认识	
姓名		班级		指导教师		

任务单

日期		小组名称	
任务名称			
操作场景			
12色环 调配要点			
实训用具			
服务用语关键词			
训练小结			
顾客评价	满意 □ 不满意 □	教师评价	合格 □ 不合格 □

◆ 任务测评

任务一　色彩的认识测评表

评价内容	分值/分	自评	他评	教师点评
能准确叙述色彩类别与 不同色彩在生活情境中的运用	30			
能简述色相环颜色之间的关系	20			
能快速叙述互补色、邻近色、 同类色的搭配特点	20			
综合评价	30			
总分	100			

任务一　色彩的认识测评表

[任务二]　　　　　　　　　　　　　　　　　　　　　　　NO.2
染发基础的认识

◆ 任务介绍

　　染发是现代人追求潮流的表现，无论年轻人还是老年人都在追求染发带来的美感。染发也是现代理发店中最常见的服务项目之一。

　　此任务针对染发产品的认识、染发剂的调配方法、染发过程颜色的变化等进行学习。

◆ 任务准备

　　1.染发工具：围布、肩垫、染碗、染刷、手套、挑梳、毛巾、耳套、鸭嘴夹、计时器、推车、电子秤等染发工具；

　　2.消毒工具：酒精喷雾；

　　3.产品：双氧奶6%、双氧奶9%、双氧奶12%，染发剂（根据目标色选择）。

◆ 学习园地

一、染发工具与产品的认识

1.染发操作工具

染发操作工具及使用说明见表6-2。

表6-2　染发操作工具及使用说明

工具名称	工具说明	图示
调色碗	由透明或半透明塑料制成的标有刻度的小碗，用以调配、盛装染发剂	 图6-17　调色碗
染发刷	用于涂抹染发剂的软刷，分为带齿和不带齿两种。其中不带齿的适合初学者使用，以训练涂刷染发剂的手法与力度；带齿的适合熟练者使用，以加快染发操作速度	 图6-18　染发刷

续表

工具名称	工具说明	图示
发夹	用于夹住不需要染色的头发，材质是塑料而不是金属	 图6-19　发夹
尖尾梳	可以用于染发前的分区，材质是塑料而不是金属	 图6-20　尖尾梳
锡纸	用于包住涂抹不同颜色染发剂后的头发，防止颜色混杂，多用于挑染和多段色染发	 图6-21　锡纸

2.染发辅助工具

染发过程中的辅助工具主要包括电子秤、计时器、加热器及染发工具车，使用说明见表6-3。

表6-3　辅助工具说明

工具名称	工具说明	图示
电子秤	用于称量染发剂的质量，以配制染发剂	 图6-22　电子秤
计时器	用于记录、控制染发剂在头发上停留的时间	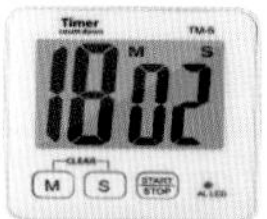 图6-23　计时器
加热器	用于加热头发，加快染发速度	 图6-24　加热器
染发工具车	用于盛装染发工具及相关产品，材质是塑料的而不是金属的	 图6-25　染发工具车

3.染发产品

（1）染发剂

如图6-26所示，用于改变头发颜色的化妆品，目的在于使头发颜色发生改变。虽然染发给人们带来了更丰富的生活和视觉体验，但是染发剂对人体造成的伤害也不容忽视。国外有很多报道认为染发剂会致癌，染发剂有许多成分性质尚未完全被人们知晓，一些成分有可能对健康有害，甚至可能引发癌症。美国癌症学会研究表明，女性使用染发剂有可能患淋巴瘤。赖维说，虽说染发剂中一些化学物质对人体有害，尤其是可能引起皮肤过敏、皮炎等，但还没有确切的证据表明染发会致癌。

图6-26 染发剂

染发就像化妆一样，如果皮肤比较敏感，染发时就应注意安全。染发一般需要做皮肤测试，把染发剂涂在脖子或耳朵后，观察其有无红肿等过敏性反应，做了测试后染发会比较安全。在染发时，染发剂一般不直接涂抹在头皮上，通常离头皮3毫米。一些碱性的染发剂如果直接涂抹在头皮上，可能会导致头皮屑增多，因为皮肤的pH值偏弱酸性，而碱性物质就容易使皮肤脱皮。

（2）双氧乳

如图6-27所示，双氧乳又名双氧水，化学名字为H_2O_2。由于其浓度不同，在使用范围上就有了区别，低浓度的水状也被用于医疗。美发上用的双氧奶有用%表示的，也有用Vol表示的。

6%=20Vol（染深，或同度染，或染浅1度）（头发在从深到浅的过渡上提升的程度，用1度代表1个深浅标准）。

图6-27 双氧乳

9%=30Vol（染浅2~3度）。

12%=40Vol（染浅3~4度）。

现在我们只用到这几种表示方式，有时候也会用3%作用在受损发质上同度染或染深，以最大限度地保护头发。你看到的30%通常指的是30Vol，而不是真的30%，准确地说是9%。

双氧乳作用：在不同的情况下具有氧化作用，可用作氧化剂、漂白剂、消毒剂和脱氯剂、双氧为酸性物质，单独作用在头发上只能松散毛鳞片，不能打开毛鳞片和褪浅天然色素。它主要配合染发产品使用，配合染发剂通过氧化反应来打开毛鳞片，完成取色与上色过程。

4.染发色板

如图6-28所示，色板是美发师思考颜色设计的辅助工具，现在也供顾客挑选颜色时使用。一般来说，色板上的色系应在6个以上，15个以下，过多或过少都没有实际意义。表达颜色的方法有很多种，在国际市场上占主导地位的是数字颜色编码系统，该系统已被国际上大多数专业美发机构采用。

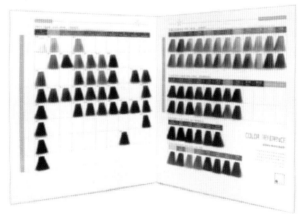

图6-28 染发色板

二、染发前的知识掌握

（一）染发颜色

1.色度

色度是用来表示头发内所含黑色素多少的指标，不同的色度显示了头发不同的深浅度。一般来说，把头发分成十个色度，分别由1～10十个数字表示。数字越小所含黑色素越高，颜色就越深；反之，数字越大，所含黑色素越低，颜色就越浅。染发代码-色度对照表，如图6-29所示。

色度	1	2	3	4	5	6	7	8	9	10
名称	黑蓝色	深黑色	深褐色	褐色	浅褐色	深金色	金色	浅金色	亚麻色	极浅亚麻色

图6-29　染发代码-色度对照表

中国人的头发一般为1～3度，最常见的是2度，因而2号色又被称为自然黑，欧洲人的头发色度一般为4～6度。

2.色调

色调决定一种颜色表现出来的具体色彩。

不同厂商的色调和数字对应关系可能不同，我们的色调和数字对应关系如下：

色调	灰蓝	紫	金黄	铜	枣红	红	绿
对应数字	1	2	3	4	5	6	7

例1：染发剂颜色色码4.6

4表示颜色的色度是4度棕色，6表示颜色的主色调为红色。

4.6染发剂的颜色就是红棕色。

例2：染发剂颜色色码5.36

5表示颜色色度是5度浅棕色，3表示颜色的主色调为金黄色，6表示颜色的副色调为红色。

5.36染发剂的颜色就是浅红金黄棕色。

3.加强色

只有色调没有色度，每一种色调都有自己的加强色。主要有两种作用：一种是当某种颜色不够深时，加入加强色能对某种颜色进行加深加强；另一种是用来中和其他色调，使之变成近似灰色。

（二）三原色原理及洗色过程

白光透过三棱镜，光便会在另一边折射成彩虹的颜色：红、橙、黄、绿、青、蓝、紫。

①原色：把红、黄、蓝称为三原色，因为它们不可通过混合其他颜色而获得。

②次色：橙、绿、紫因为它们都是混合了两种原色而得到的，其实任何可以想象的颜色都是由原色按照不同比例混合形成的。

③色轮图：原色和次色可以组成色环来显示颜色之间的关系，按顺时针方向颜色由浅变深，色素粒子由小变大，如图6-30所示。

④对冲色：相对的颜色混合在一起相互抵消而变成灰色。例如，黄色可以抵消紫色，绿色可以抵消

红色，蓝色可以抵消橙色，这是颜色特性重要的一面。你可能会在染发后对色调或颜色感到不理想，这时你可以用带黄色色调的加强色抵消不被接受的紫色，如图6-31所示。

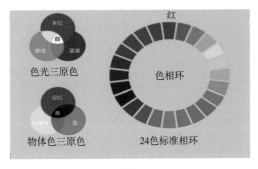

图6-30　色轮图

图6-31　对冲色

三、染发剂的调配比例

1.发根染、同度染的调配比例

染发后一段时间会长出新的头发，而新生发的颜色与发尾会有差别，这时需要将新生发进行染色，这个过程就是补染，如图6-32所示。

一般情况下，染发剂与双氧乳混合的比例为 1∶1，此时色调饱和、颜色纯正，但当染发要求特殊或染发剂配方特殊时，染发剂与双氧乳的混合比例可以进行适度调整。例如，欧莱雅品牌染发剂与双氧乳的比例既有1∶1.5，也有1∶1.2，需根据实际情况进行调配。

图6-32　补染

2.染浅染深的染发剂调配比例

（1）染浅

染浅是指染发时头发色度由深变浅的染发过程，分为天然发色染浅和人工色素染浅两种情况。在同一色素下，发质的健康情况欠佳者、头发较细者或经常烫发者，染浅效果相对比健康或粗硬发质者更好。

（2）染深

由于头发中的色素会干扰染发剂上色，因此在染深操作时，要有针对性地调整头发色度。

（3）色素补充操作程序

①将目标颜色配合适当的双氧乳涂抹于发根。

②从色素补充选择表（表6-4）中选出色素补充色，剩余产品加温水15毫升，再加3厘米长度的补充色。

表6-4　色素补充选择表

目标色	色素补充选择
9度	8.34
8度	9.34
7度	7.43、7.40、6.45、6.46、6.64、6.66
6度	6.45、6.46、6.64、6.66
5度	4.45
4度	4.45、4.65

③将调配好的染发剂涂抹于发梢。

④停留35分钟。

⑤按摩、乳化、冲洗、造型。

受损发质染深时，因为目标色里的基色不足，所以一般颜色都会比较浅。为此可以进行加基色处理，即在染色时加入目标色的基色，基色根据头发自身情况而定，一般加1/5左右。极度受损发质染深时，需要用色素打底，即用目标色染发剂加水后进行打底，再用目标色和双氧乳进行染色，目的是重新建立一个较深的色度。

3.染发剂质量评价标准

由于染发剂有一定的腐蚀性，因此在染发前，首先要查看顾客皮肤是否有破伤、疮疖等病变；其次要询问顾客是否有过敏史，也可做皮试，方法是将染发剂涂在顾客的耳后或手臂内侧，30分钟后擦洗干净，24小时内如果没有发痒、红肿现象则可以染发。

四、染发剂的调配方法

调彩色也称为工具色，大部分美发师在配色时，经常会出现目标色的偏差，因此，为了能够提高色素的含量和色彩的饱和度，会添加调彩色到使用的染发剂中。一般色号以0开头的染发剂都称为调彩，根据所需要的调彩色素的量来选用带有色度的染发剂。每种品牌调彩所含有的色素量不同，所添加的比例也会随之调整，在使用调彩前只有充分了解调彩的特性，才能利用调彩调好颜色。调彩的色素往往偏多，稍控制不好可能就会出现偏差。如果需要少量的色素作为调彩使用，可依据色度与色调的关系来选用；如果需要少量的色素，可以添加7度或7度以上的染发剂作为调彩使用；如果需要大量的色素，可以添加6度或6度以下的染发剂作为调彩使用。

五、染发剂与双氧乳的调配方法

在染发中，双氧的作用是使原有的发色变浅及使目标着色，而双氧乳作用的发挥与其浓度密切相关。因此，在确定染发剂后，美发师还需根据目标色和头发的底色进行调配，选择合适浓度的双氧乳。在染发中常见的双氧乳浓度有3%、6%、9%、12%4种，其使用说明见表6-5。

表6-5　双氧乳浓度使用说明

双氧乳的浓度	与染发剂混合的作用
3%（10Vol）	只能直接和染发剂调和上色，如还原基色或浅染深，不能染浅
6%（20Vol）	盖白发、同度染、染深、染浅 1 度（粗发）、染浅 2 度（幼发）
9%（30Vol）	染浅2度（粗发）或染浅3度（幼发）
12%（40Vol）	染浅 3 度（粗发）或染浅 4 度（幼发）

小贴士

1.染发前使用染发剂进行皮肤测试很重要。

2.准确分析头模头发的天然色度，根据实际情况选择合适的目标色。

3.美发师在进行染发操作时，应根据发质的上色能力来选择相应的染发剂，不同类型的染发剂以及双氧乳对头发的伤害程度决定头发的掉色速度。

◆ 任务实施

染发标准：

（1）分区标准

十字分区，中心点连接后部颈点，黄金点连接两侧耳后点。
①从后区平行分份取发片，发片厚薄以不超过1厘米为标准。
②涂抹发片时提拉角度为90°。
③涂抹时，空出发根2厘米的距离，从发中到发尾直接涂抹。
④发长在3厘米以内，可一次性涂抹。

（2）涂抹标准

①平刷起到均匀施放染发剂的作用。
②八字交叉涂抹，可以让染发剂均匀地渗透到每一根发丝。
③点刷通常会用在分段涂抹的接口处，起到过渡均匀的作用。
④刷子的角度越低施放的量越多，刷子的角度越高，施放的量越少。
⑤染发剂涂抹量越充足，最后出来的颜色效果就越饱和。
⑥颈部的头发垫上锡纸，避免皮肤粘到染发剂。
⑦涂抹到侧区时，侧区发片斜向前分份，带至后部发区涂抹。

（3）发根涂抹标准

①刷子的角度与头皮呈45°，以免刷尖刺激到毛囊。
②涂抹时染刷取出少量染发剂，按照由后至前、由下至上的顺序进行涂抹，以免爆顶。
③采用十字交叉法，检查连接点和发际线部分是否有遗漏或不均匀现象。

（4）整体要求

①发际线部分应注意，避免染发剂涂抹在发际线外。
②控制两旁的头发，使其不要搭在脸上，弄脏皮肤。
③要求干净、整洁、美观。

◆ 实战训练

　　王女士头发长度齐肩，发色为天然色度3度的深棕色，皮肤为冷白，想要的目标色为7.35，色调为黄色，里面加入了少量枣红色，当它们混合时会比较接近巧克力色，能满足王女士的发色要求。为使其效果更加理想，也可以根据顾客的愿望加入少量的调彩。

　　请思考，需要多少克双氧和多少克染发剂以及哪几种染发剂色号？最终效果顾客是否满意？

项目六	染发基础操作	任务二	染发基础的认识	
姓名		班级	指导教师	

任务单

日期		小组名称	
任务名称			
操作场景			
目标色调配 任务要点			
实训用具			
服务用语关键词			
训练小结			
顾客评价	满意 □	不满意 □	教师评价	合格 □	不合格 □

◆ 任务测评

任务二　染发基础的认识测评表

评价内容	分值/分	自评	他评	教师点评
能根据日常生活中染发颜色俗语选择正确的色号	30			
能运用工具色简单调色	20			
能根据顾客的需求选择合适的色号进行调色	20			
综合评价	30			
总分	100			

◆ 学习反思

1.请问染发剂的调配方法有哪些？
2.染浅染深的调配比例是什么？
3.按照所学染发剂的调配方法，为家人染一个提浅2度的发色。

［任务三］　　　　　　　　　　　　　　　　　　　　　　NO.3
染发剂的涂抹

◆ **任务介绍**

　　此任务主要对染发剂涂抹的操作进行分析。首先染发前要做好头发的分区，找准分区基准点，站位站姿要得体、优雅，提升职业素养。对盖白发、初次染发做了解，其次针对初次染发进行实操演练，通过本任务实施达到服务顾客执行标准。

◆ **任务准备**

　　1.准备工具：染发毛巾、染发围布、防水披肩、护耳套、染发手套以及染发刷、发夹、尖尾梳、锡纸、调色碗；

　　2.消毒工具：酒精喷雾、酒精棉等。

◆ **学习园地**

　一、初染的认识

　　初次染发时，考虑头发的天然麦拉宁色素较多，易染浅，所以应选用氨多的染发剂以及高度的双氧乳。初染一般可以分为染黑发与彩色染发两种。

　1.染黑发

　　染后的头发颜色是黑色的叫作染黑发，一般常用来将花白发染黑，如图6-33所示。

　2.彩色染发

　　彩染是指染成黑色以外的颜色，把头发的颜色染成想要的颜色，如图6-34所示。

图6-33　染发前、染发后

图6-34　彩色染发

二、染发流程的认识

染发共分为六个步骤，称为染发标准（MS标准），即咨询顾客、发质分析、提出方案、确定配方、染发操作和顾客评价。

1.咨询顾客

专业的沟通和询问可以了解顾客的想法，并为顾客选择发色提供建议。美发师首先要学会聆听顾客的想法，一些顾客对自己的发色会有一些要求，如不喜欢太亮、不喜欢大红等，美发师通过咨询，可以避开顾客不喜欢的因素，获得更高的顾客满意度。在咨询顾客的过程中，美发师要始终遵守职业规范，为顾客提供主动、热情、耐心、周到的微笑服务。

2.发质分析

美发师应通过分析顾客发质状态及发色，确定使用的染发剂配方及双氧乳浓度，具体见表6-6、表6-7。

美发师在调配染发剂前应充分了解最后对目标色会产生影响的所有因素，包括发质、双氧乳、人工色素等，并做出相应的调整，以保证获得想要的目标色。

表 6-6　发质状态分析表

发质状态	发质特性
抗拒性发质（粗硬发质、自然卷、沙发、自然白发）	毛鳞片紧闭，不易上色，色度易暗，色素不易饱和
健康正常发质（正常新生发，细硬发质）	易上色，色度易暗，色素不易饱和
细软发质（新生细软发质）	易上色，色素不易饱和
轻度受损发质（做过一次烫或染，色度在3~5度，无化学性包裹处理，无漂色、褪色处理）	易上色，发尾易色素堆积
中度受损发质（做过两次烫或染，色度在6~7度，无化学性包裹处理，无漂色、褪色处理）	易上色，发尾易色素堆积
严重受损发质（做过两次以上烫或染，色度在7度以上，有化学性包裹处理，有漂色、褪色处理）	易上色，易掉色，发尾易色素堆积，不建议漂色、褪色
化学包裹性发质（做过黑油、打蜡、水光针）	不易上色，需漂色或褪色

表 6-7　自然发色与底色分析表

发色	发色特性
新生发自然色 1~3 度	发质健康，天然色素量为150%~200%，可褪色，色度易暗，不建议使用低度双氧
新生发自然色 3~5 度	发质健康，天然色素量为 110%~150%，可褪色
人工色 3~4 度	色素量为 130%~150%
人工色 4~5 度	色素量为 90%~110%
人工色 6~7 度	色素量为 70%~90%
人工色 7~8 度	存色能力弱，易色素堆积，色素量为50%~70%
人工色 8 度以上	存色能力弱，易色素堆积，不建议使用漂粉褪色，不建议使用高度双氧乳，色素量为10%~50%
化学包裹性发色（黑油、打蜡）	不能直接上色，建议褪色、褪蜡

3.提出方案

通过与顾客专业的沟通以及对顾客发质状态与发色的分析，根据顾客自身形象、职业、风格特点，确定染色方案。

4.确定配方

在根据顾客实际情况确定好发色后，首先要进行染发剂调配。初次染发考虑全是新生发，头发的天然麦拉宁色素较多，因此选择双氧乳浓度非常重要，一般选择12%的双氧乳，这样比较容易上色。

5.具体步骤

①染发工具的准备：染发工具（电子秤、染碗、染刷、尖尾梳、围裙、围布、耳套、面罩、手套、无痕鸭嘴夹子、推车、口罩、客袍、防水披肩）。

②清点工具并做好消毒。

③染前做好皮肤测试（先调一些染发剂涂抹在耳后看是否会过敏）。

④顾客与自身准备（围裙、围布的穿戴）。

开始染发：a.十字分区；b.目标色调配；c.涂抹离发根2厘米新生发，等待15~20分钟；d.重新调配染发剂，涂抹发根至发尾，等待35分钟；e.乳化冲洗；f.吹风造型。

三、补染流程的认识

①分清新生发发根的长度是2厘米还是超长发根。

②分辨新生发的度数与底色的度数，以选择合适的双氧乳。

③补染时间的停放见表6-8。

表6-8　补染时间的停放表

褪色情况（发中至发尾）	显色时间/分钟	做法
相同颜色，只褪去色调	5	最后5分钟涂抹于发中至发尾
相差一度	15~20	最后15~20分钟涂抹于发中至发尾
相差两度	35	先把颜色涂抹到发根，然后马上涂抹于发中至发尾

④补染操作的注意事项。

补染2厘米的新生发，要考虑头皮温度会加大染发剂和双氧乳氧化能力，也就是会出现头顶容易比发中、发尾亮一个度的情况，因此在补染发根时可加低一个度的基色，以控制发根过亮。

补染3厘米以上的新生发，要考虑发根部分会使染发剂加强氧化，而3厘米以上部分则得不到加强氧化，所以在3厘米以上的部分用正常配方补染，而离发根1~2厘米的地方加入低一个度的基色，以防止发根过亮。

四、时尚色盖白发染发方法认识

1.白发的认识

头发中毛囊底部的麦拉宁色素细胞产生的酪氨酸酶细胞直接影响麦拉宁色素细胞的工作，当此色素细胞停止生产色素时，白发就出现了，如图6-35所示。

图6-35　白发

2.白发与色素的关系

白发没有色素，需要通过添加基色获得基本金色，基色对照见表6-9。

表6-9 基色对照表

基色类别	染发剂色号	适应范围
基色	……3……4……5……	针对较深发色
加强基色	……3.0……4.0……5.0……	针对一般深色
基本金色	……4.3……5.3……6.3……	针对较浅发色

3.基色的分配比例

①0～50%的白发：目标色直接加1/4基色或基本金色可以完全覆盖白发。

②50%～100%的白发：目标色加1/2基色或基本金色可以完全覆盖白发。

通过分析顾客发质状态，确定使用的染发剂配方，具体见表6-10。

表6-10 发质状态对应染发剂配方

发质状态	染发剂配方
普通白发（正常新生发，细硬发质）	1.白发少于30%：目标色+6%双氧乳（1:1）； 2.白发多于30%，少于50%：目标色+目标色基色+6%双氧乳（2:1:3）； 3.白发多于50%，少于100%：目标色+目标色基色+6%双氧乳（1:1:2）
抗拒性白发（粗硬发质，自然卷，沙发，自然白发）	1.软化抗拒性白发，在染发前，在干白发上涂3%或6%双氧乳加热吹干，使白发容易吸收色素（湿发可用6%双氧乳加热吹干）； 2.选择深一度染发剂，同时选用强一级的双氧乳，使遮盖白发效果更好、更均匀； 3.先补色后软化，适合在局部抗拒性白发上使用（又称打底），首先用染发剂+温水（1:1）混合涂抹于抗拒性白发上，等待10～15分钟，不用冲洗，将染发剂+双氧乳（1:1）混合，重新涂抹在白发上，停留35～45分钟
必须使用6%双氧乳； 染发剂量要足，不然覆盖不上； 要有充分的氧化时间； 要从白发最多的部分进行涂放。	

五、染后护理方法

1.染发后的3天内不要洗头

发型师通常都会告诉我们染发后3天内不要洗头。这是因为头发的毛鳞片需要3天才能完全闭合。这段时间内使染发剂的色彩与头发更好地定色。所以推迟染后的第一次洗头可以使发色更持久。

2.使用免洗洗发露产品

化学染发剂会让头发变得脆弱易断，使用免洗洗发露可以更好地保护受损的头发。如果必须要洗，洗发时要注意水温，尽量避免用太热的水，水温太高会使头发表面的毛鳞片脱落，颜色会随之流失。

3.慎用加热工具

在使用诸如吹风机、卷发棒或直发器之前，应先用抗热护发产品。这类产品接触热量后会被激活，从而在发丝上形成保护膜。先取少量产品涂在发梢上，然后用梳子将其梳匀。如果头发必须快速吹干，可先将头发涂抹一层免洗护发素，再用低挡热风和风速将头发慢慢吹至半干，最后在头发上涂抹发乳。

4.使用保湿喷雾

染后的头发会变得干枯易断，建议经常使用闪亮喷雾提升发丝的光泽，可以为秀发补充水分并形成一层保护膜，也可以选用一些养发膜或者精油产品进行染后护理。

5.不要在阳光下暴晒

炎炎夏日里如果打算在室外和太阳亲密接触，那么请准备好帽子或者带有SPF的护发产品，以防止染后发色褪色或者变浅。

六、染发剂的涂抹质量标准

①在涂抹染发剂前，需要进行皮肤测试，确定顾客对染发剂不过敏后方可涂抹。
②需要按照发中与发尾部位、底层头发及发根部位、头顶高温区部位的顺序涂抹染发剂，以确保发色均匀。
③需将染发剂快速、均匀地涂抹在头发上。在涂抹过程中，如将染发剂沾到顾客或自己的皮肤上，需及时擦除。

◆ 任务实施

初次染发操作步骤

（一）染发分区

分区能缩小染发的空间，达到精确的染色效果。染发的分区分为主分区与次分区，如图6-36所示。

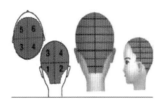

图6-36 染发的分区

初次染发的操作步骤

1.十字分区（主分区）

从中心点到颈部点，用一条直线将头部划分为左右两大区域，如图6-37所示。再从顶部点到耳上点，用一条直线将头部划分为前后两大区域，如图6-38所示。

2.水平分线（次分区）

从后区开始从上至下或从下至上（根据色度的深浅决定），将发片分为1厘米的厚度，分份线应均匀一致，如图6-39所示。

图6-37　左右两区的划分图　　　　图6-38　前后两区的划分图　　　　图6-39　1厘米厚度发片

（二）染发步骤

①调制目标色，按说明书调制染发剂，如图6-40所示。

图6-40　调制染发剂

②涂抹离发根2厘米新生发，等待15~20分钟，如图6-41所示。

图6-41　涂抹新生发

③重新调配染发剂，涂抹发根至发尾，等待35分钟。在涂抹染发剂时需横向八字交叉涂抹，使头发鳞状表层打开，以利于染发剂的渗入，如图6-42所示。

图6-42　涂抹发根至发尾

④乳化冲洗，如图6-43所示。

图6-43　乳化冲洗

⑤最后进行吹风造型，如图6-44所示。

图6-44　吹风造型

小贴士

美发师在调配好染发剂后，需及时将染发剂涂抹在头发上。在染发剂涂抹过程中，需要注意以下要求。

①在涂抹染发剂前，需要进行皮肤测试，确定顾客对染发剂不过敏后方可涂抹。

②需要按照发中与发尾部位、底层头发及发根部位、头顶高温区部位的顺序涂抹染发剂，以确保发色均匀。

③需将染发剂快速、均匀地涂抹在头发上。在涂抹过程中，如将染发剂沾染到顾客或自己的皮肤上，需及时擦除。

◆ 实战训练

小芳来到美发沙龙，请美发师将自己的头发重新染成茶色。美发师安排助理小杰为小芳染发。请根据染发剂的涂抹方式为小芳染发。

染发剂的涂抹就是将调配好的染发剂均匀地涂抹在头发上，使头发着色成所选的目标色。染发剂不能一处多一处少，所有头发都应均匀地浸透染发剂。

项目六	染发基础操作		任务三	染发剂的涂抹	
姓名		班级		指导教师	

任务单

日期			小组名称	
任务名称				
操作场景				
初次染发任务步骤要点				
实训用具				
服务用语关键词				
训练小结				
顾客评价	满意 □ 不满意 □		教师评价	合格 □ 不合格 □

◆ 任务测评

任务三　染发剂的涂抹测评表

评价内容	分值/分	自评	他评	教师点评
能按顺序进行染发操作	30			
动作手法规范，两手配合默契，速度把握得当	20			
涂抹手法运用得当，无污染、漏染顾客	30			
顾客感觉专业，没有不适感	20			
总分	100			

◆ 学习反思

1.时尚盖白发的方法是什么？

2.补染应注意什么？

3.如果你是顾客，想要染一个喜欢的颜色，你应该怎样跟发型师沟通？请用专业知识阐述。

［任务四］

漂发基本操作

◆　任务介绍

　　在染发中，漂色是指通过化学手段把天然色素或者人工色素变浅或去除的过程，大多数漂色使用漂粉和褪浅膏进行操作。在美发沙龙中，把粉末状可以褪浅的染发产品统称为漂粉。而褪浅膏只有一种，即0/00，这类染发产品属于漂膏，也具备染浅的能力，但是染浅的度数没有漂粉强。当没有了解这两者特性时，如果误操作，很容易对发质和发色造成较大的影响，所以美发师应根据需求和条件选择使用漂粉和褪浅膏。

◆　任务准备

　　1.工具储备：漂粉、双氧、防护手套、挑梳、毛巾、染碗、染刷。
　　2.消毒工具：酒精喷雾、酒精棉等。

◆　学习园地

一、漂粉

1.漂粉的概念

在美发沙龙中，把粉末状可以褪浅的染发产品统称为漂粉。

2.漂粉的特性

漂粉本身不具有上色功能，主要用来褪色。

3.漂粉的分类

①有尘漂粉：颗粒物粗、反应快、不容易把握。
②洁净漂粉：颗粒物细、反应慢、易把握。

4.漂粉的使用范围

①目标色的色度与天然色度相差4度或4度以上，如天然色度3度、目标色度8度的情况。
②之前染过较深的颜色以及黑色的头发想继续染浅目标色，就需要使用漂粉褪色，去除之前的人工色素才可以继续染新的人工色素。
③局部漂染及创意性染发。在确定头发基本色调的情况下，把局部做出与底色相差4度以上的色调，如挑染、片染、区域染或做创意性染发（蓝色、灰色、白色等）时使用。

5.漂粉洗色的褪色过程

利用头发漂白剂对头发进行洗色，从概念上得知，蓝色是一种深色，红色是中等色，黄色是最浅色。头发中最深的颜色最先被洗掉。因为颜色越深其色素粒子体积越大，色素粒子在皮质层中的数量越少，而且只能进入皮质层的表面部分。颜色越浅其色素粒子体积越小，其色素粒子在皮质层中的数量越多，能进入皮质层的部位越深。所以漂白过程中头发的颜色是逐渐变化的，如图6-45所示。

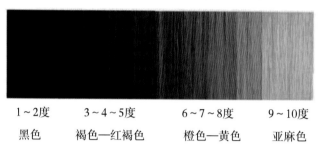

| 1~2度 | 3~4~5度 | 6~7~8度 | 9~10度 |
| 黑色 | 褐色—红褐色 | 橙色—黄色 | 亚麻色 |

图6-45　漂白颜色变化图

漂粉的反应时间在15分钟时为峰值，15分钟前褪色最快，15分钟后褪色逐渐减弱，对应的褪色过程是黑→褐→红→金红→金黄→黄→浅黄→十分浅黄，对应的色度编号，如图6-46所示。

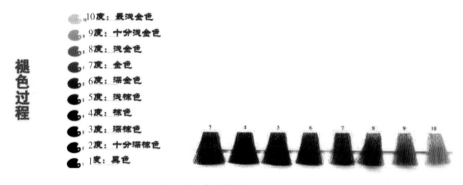

图6-46　色度编号

二、褪浅膏

1.褪浅膏的特性

它通过配合双氧起到提取麦拉宁色素的作用，还可将氧化过的人工色素进行分解，使人工色素变淡（在天然底色上最高可以褪浅到7度）。

2.褪浅膏的作用

①添加到配方中用来淡化人工色素并褪浅天然色素。
②添加褪浅膏防止色素堆积。
③使颜色更通透。
④与漂粉配合使用，降低漂粉的碱性值。

3.导致漂发褪浅操作不当、发质干枯、色度不均匀的原因

①选择双氧浓度过高，氧化反应过于剧烈。
②双氧与漂粉的调配比例过低。
③褪浅时头发温度过高。
④操作时间过长。
⑤分出发片过厚。

⑥涂抹不均匀。

⑦局部产品用量过多。

三、沐浴染

沐浴染是一种温和的漂浅配方，适用于染过的头发，至少可以漂浅1～2度；也可用于发色修正，如发梢发色较深的情况，调配方法见表6–11。

表6–11　沐浴染调配方法

配方名称	量值/毫升
无尘漂粉	10
双氧	10
温水	10
洗发水	10~15

四、漂发的基本原理

利用漂粉，减少头发中的色素，使头发的颜色由深变浅。漂粉具有褪浅人工色素以及天然色素的功能，本身不具有对冲功能。

①双氧乳是清除黑色素的漂淡化学物质。

②将黑色素减少，使头发变光亮和褪浅。

五、漂发的种类

在染发中，漂色是指通过化学手段把天然色素或者人工色素变浅或去除的过程，大多数漂色使用漂粉和褪浅膏进行操作。在美发沙龙中，把粉末状可以褪浅的染发产品统称为漂粉；而褪浅膏只有一种，即0/00，这类染发产品属于漂膏，它也具备染浅的能力，但是染浅的度数没有漂粉强。当没有了解这两者特性时，如果误操作，很容易对发质和发色造成较大的影响，所以美发师应根据需求和条件分别选用漂粉和褪浅膏。

1.褪浅膏

褪浅膏与漂粉成分有些不同，但基本差别不大，主要由氨水、单乙醇胺等碱性物质调配而成，呈膏状，碱性比漂粉略低。褪浅膏内没有色素，为透明色。它通过配合双氧起到提取麦拉宁色素的作用，还可将氧化过的人工色素进行分解，使人工色素变淡（在天然底色上最高可以褪浅到7度）。

2.沐浴染

沐浴染是一种温和的漂浅配方，适用于染过的头发，至少可以漂浅1～2度。也可用于发色修正，如发梢发色较深的情况。

六、漂头发和染头发的区别`

①漂发是用漂粉洗掉原来的颜色后染色，染发是直接在头发上涂抹染发剂。

②漂发是染淡颜色头发时用到的步骤，染发是染深颜色时用到的步骤。

③漂发对发质以及头皮伤害很大，染发相对漂发伤害比较小。

七、漂粉的使用范围

①目标色的色度与天然色度相差4度或4度以上，如天然色度3度、目标色度8度的情况。

②人造色素需要继续染浅人工色素。由于人工色素不能继续染浅人造色素，因此之前染过较深的颜色以及黑色的头发想继续染浅目标色，就需要使用漂粉褪色去除之前的人工色素才可以继续染新的人工色素。

③局部漂染及创意性染发。在确定头发基本色调的情况下，把局部做出与底色相差4度以上的色调，如挑染、片染、区域染或做创意性染发（蓝色、灰色、白色等）时使用。

八、漂发质量标准评价

漂过的头发要光滑、无烂发、无花色，底色要与要求一致。

◆ 任务实施

一、确定染发方案

假设浅棕色头发的顾客喜欢奶奶灰发色，对天然色度和目标色度进行分析，最终确定为她的头发褪色。

1.判断天然色度

根据顾客头发天然色度，确定天然色度为5度色。

2.判断目标色度

确定目标色度为极浅色，也就是10度以上（相差4度以上需要进行褪色）。

3.选择双氧

目标色度与天然色度相差5度，因此选择12%的双氧。

二、漂发或褪色

1.漂粉

1份漂粉+3份12%的双氧乳，涂抹于发根2厘米处，等待20分钟后，调配1份漂粉+3份9%的双氧乳从发根涂至发尾，观察漂浅至10度，即可以正常洗发。

2.调配褪色膏

根据各品牌调配比例进行调配褪色。

3.漂发的操作步骤

①询问沟通，如图6-47所示。

图6-47　询问沟通

漂发的操作步骤

②顾客准备，如图6-48所示。

图6-48　顾客准备

4.开始漂发

①将头发梳顺，全头十字分区，如图6-49所示。

图6-49　十字分区

②按照说明书调配漂粉。

③涂抹距离发根2厘米以下的头发，随时观察褪色情况，如图6-50所示。

图6-50　涂抹

④在涂抹漂粉时需横向八字交叉涂抹，使头发鳞状表层打开，以利于漂粉的渗入，如图6-51所示。

图6-51　八字交叉涂抹

⑤冲洗。

⑥吹干头发，进行染色，如图6-52所示。

图6-52　染色

 小贴士

1.漂发对头发伤害很大，需要至少两个月才能恢复发质。

2.诊断发质：发质诊断是漂发前必不可少的步骤，只有准确的发质诊断，才能决定漂发的调配和操作。

3.漂前不用洗发：头发上的油脂膜可以起到保护头发的作用。

◆ 实战训练

王小姐来到美发沙龙，想要将自己的头发进行两段同类色过渡色漂染，她的原发色是 3 度左右，请美发师在40分钟内完成漂染操作。

项目六	染发基础操作		任务四	漂发基本操作	
姓名		班级		指导教师	

任务单

日期		小组名称	
任务名称			
操作场景			
漂染发任务步骤要点			
实训用具			
服务用语关键词			
训练小结			
顾客评价	满意 □ 不满意 □	教师评价	合格 □ 不合格 □

◆ 任务测评

任务四　漂发基本操作测评表

评价内容	分值/分	自评	他评	教师点评
能熟练表述漂粉和0/00的特性	30			
能正确调配漂粉和0/00	20			
能根据实际情况，准确选择漂粉或0/00进行褪色，并满足顾客需求	20			
综合评价	30			
总分	100			

◆ 学习反思

　　1.褪色产品的使用方法是什么？能够至少说出两种使头发褪色的产品。

　　2.漂粉和0/00的特性是什么？

◆ 项目评价

项目六		染发基础操作		日期	
姓名		班级		指导教师	

项目评价表

评价类型	评价环节	评价指标	分值/分	自评	互评	师评
过程性评价	专业知识与技能	知识的理解和掌握	10			
		知识的综合应用能力	10			
		任务准备与实施能力	20			
		动手操作能力	20			
	职业素养	项目实践过程中体现的职业精神和职业规范	5			
		项目实践过程中体现的职业品格和行为习惯	5			
		项目实践过程中体现的独立学习能力、工作能力与协作能力	5			
终结性评价	项目成果	项目完成情况（目标达成度）	5			
		项目质量达标情况	20			
得分汇总						
学习总结与反思						
教师评语						

项目总结

通过本项目的学习，了解漂发、染发产品，以及它们的功能等内容。并掌握色彩知识，以及漂发、染发过程的操作技巧。

参考文献

[1] 徐勇.生活与时尚发型染色[M].北京：中国劳动社会保障出版社，2021.

[2] 杨琼霞，唐静.美发基础[M].北京：科学出版社，2014.